天下文化
BELIEVE IN READING

2016 年，鄭崇華獲頒華人領袖遠見高峰會首屆「君子企業家」，頒獎人高希均教授（左）特別撰寫專文讚譽鄭崇華與台達利人利己的經營哲學，為世界帶來正向發展。

鄭崇華的母親很重視教育，當年為了讓他接受完整教育，送他搭船到福州求學，不料從此闊別35年。圖為鄭崇華（左一）和母親與弟弟、妹妹的珍貴合照。

中日戰爭期間，鄭崇華到水吉鄉下避難時，外公為人處事的身教在無形中潛移默化，影響鄭崇華的人格養成，是他生命中的第一個好老師。

成家立業後的全家福。右二為長子鄭平、左一為次子鄭安。

鄭崇華感念母校栽培，捐修台中一中校內僅存的日式歷史建物「台中一中校史館」（上圖），並採用綠建築節能設計與工法。2015 年 5 月，重建的校史館在百年校慶當天落成啟用，校方致贈鄭崇華獎座以致感謝之意（下圖）。

台達成長過程中的關鍵時刻，都幸運地遇到貴人，如創業初期盡心盡力付出的同仁們（上圖前左｜許美華，上圖後｜許榮源夫婦），維州理工大學電力電子中心的李澤元博士（左下圖左）合作成立實驗室，強化台達電力電子技術；台達子公司乾坤科技的成立，則獲得日本 Susumu 公司的 Miwa 先生（右下圖右，左為乾坤科技董事長劉春條）協助。想到這些事，都讓鄭崇華充滿感激。

當初在田埂邊、員工 15 人的小工廠，台達在鄭崇華與一群盡忠職守的員工努力下，逐步發展成營運版圖遍及全球的企業，並成為家喻戶曉、最重視環保節能與創新研發的科技公司。

1991 年於新竹科學園區創立的乾坤科技，是台達集團專司研發生產微型化元件與電源模組的子公司。

1992 年台達在中國大陸廣東東莞設廠，是生產基地西進布局的第一步。

「DeltaMOOCx」是台達電子文教基金會 2014 年成立的課程平台，並與教育部國教署、多所科大及高中等共同合作。一堂大規模開放線上課程，常能吸引數千名，甚至上萬名來自全世界有心向學的學子，共同在網路上追求知識。

「厚用節生」是台達的理念之一。圖為鄭崇華、台達董事長海英俊為台達文教基金會跳蚤市場開幕。

自 2000 年起，台達在中國大陸發起電力電子科教計畫，並每年舉辦新技術研討會，連續二十多年無條件資助學者的研究項目，利他的奉獻帶來良善的循環。圖為 2021 年科教計畫二十週年兩岸視訊連線慶祝大會。

鄭崇華和泰北華校淵源深遠，早在 1988 年，台達就在泰國設立東南亞第一個據點「泰達電子」。2001 年起，台達基金會和泰達共同在泰北華文學校成立獎學金，認養清寒優秀的中學生，提供獎助學金；之後也向下擴及小學，增加發放來台就讀大學的泰北僑生獎助學金。

念舊重情的鄭崇華，每年都會固定跟創業初期的老員工聚會，有時在外聚餐、有時邀請大家回娘家，並親自向所有人介紹台達最新營運進展與產品技術、研發成果。

2021 年，「《藍色星球 II》台達 50 影像音樂會」吸引廣大民眾觀看，鄭崇華與夫人、海英俊、執行長鄭平皆出席參與，打造一場別開生面的「零碳音樂會」。

台達連續十二年入選由經濟部工業局主辦、國際專業品牌鑑價機構 Interbrand 協助執行的「台灣最佳國際品牌價值調查」，品牌價值連續十年成長。圖為台達品牌長郭珊珊。

2013 台灣燈會最亮眼的「台達永續之環」，由郭珊珊一手打造，以高 10 米、寬 70 米、270 度環形曲面，呈現高畫質巨幅環形投影「日月」及「四時」兩部影片，以「恒」為概念，呼籲人們重視環保節能、追求永續，在元宵佳節為人類祈福。

為了獎勵傑出成就以及厚植創新文化，台達於 2008 年創立「台達創新獎」，透過年度盛會鼓勵同仁勇於創新、表揚優異的創新成果，目前即將邁入第十五屆。

2019 年，台達電子文教基金會主辦「映像日月潭《水起・台灣》壯觀同框」公益放映會，吸引超過兩千名海內外遊客齊聚片中經典場景日月潭伊達邵碼頭。透過台達領先全球的 8K 投影技術，以 500 吋的「微美」8K 影像帶著觀眾走入台灣四季水景，體認水資源及生態面臨的問題，開創前所未見的視覺及精神饗宴。

2022 年，工研院歷任院士合影，鄭崇華（前左四）為第 1 屆院士，海英俊（後排左五）為第 11 屆院士，台達經營團隊包含兩名院士，實屬空前。

《遠見》雜誌自 2005 年舉辦企業社會責任獎（CSR）以來，台達已累積二十座獎牌，創下無人能超越的高標。左起為基金會執行長張楊乾、創辦人鄭崇華、品牌長郭珊珊、永續長暨發言人周志宏。

受到《綠色資本主義》一書啟發，鄭崇華深知綠建築對環境保護與節能的好處，2005 年主動邀約台達電子文教基金會與台達內部負責興建廠辦與生產基地的營建單位等主管與同仁，到泰國與德國參觀當時最新穎、最節能的各式綠建築。

2006 年啟用的台達台南廠，是全台灣第一座綠色廠辦，取得黃金級綠建築廠辦標章，2009 年更升格為鑽石級。上圖為台南廠一期廠區，下圖為二期廠區。

2009 年 8 月，莫拉克颱風襲台，造成嚴重災情。鄭崇華、台達電子及台達文教基金會隨即宣布共同捐出 5 億元協助災區校園重建。那瑪夏民權小學歷時三年完成重建，這座節能的鑽石級綠建築學校為台灣第一所靠太陽能達到能源自給自足的「淨零耗能」校園，不僅兼具原民文化、環保、生態、教育及防災、避難等多重功能，並於 2014、2015 年，成為台達參與聯合國氣候峰會（COP）時的鑽石級綠建築學校分享案例，備受國際矚目。

台達上海運營中心暨研發大樓，除扮演中國大陸地區行政運營樞紐的角色，還設有電力電子、視訊、汽車電子、新能源、網路通訊等大型研發單位。

2012年，桃三研發中心落成啟用，全面導入台達節能與工業自動化產品和控制系統，是名符其實的自動化智慧綠建築。

2011 年完工的成大力行校區的「孫運璿綠建築研究大樓」（上圖），由鄭崇華個人捐贈給成大建築系，是台灣第一座零碳綠建築，達到節能 70%，不僅是亞洲第一個取得綠建築協會 LEED 白金級標章的教育大樓，更曾被綠建築教父尤戴爾松，讚譽為「全世界最綠的綠建築」。下圖為 2011 年揭牌啟用當天，林憲德教授（左起）為鄭崇華、前副總統蕭萬長和成大校長賴明詔解說。

2015 年，位於美國加州弗利蒙市（Fremont）的台達新總部開幕，符合美國 LEED 白金級綠建築標準且預期能達到淨零耗能目標，是台達第 21 棟綠建築。

台達綠建築

台南廠一期
EEWH 鑽石級
WELL 健康 – 安全評價

台南廠二期
EEWH 鑽石級

桃園研發中心
LEED 黃金級
EEWH 黃金級
WELL 健康 – 安全評價

桃園五廠
LEED 黃金級
EEWH 黃金級

台北總部大樓
LEED-EB 白金級
EEWH 鑽石級
WELL 健康 – 安全評價

台中廠
LEED 黃金級
EEWH 鑽石級
WELL 健康 – 安全評價

中壢五廠
LEED 黃金級

美洲總部大樓
LEED 白金級
WELL 健康 – 安全評價

EMEA
總部大樓 BREEAM
Very Good

上海研發中心
LEED-EB 白金級
WELL 健康 – 安全評價

日本赤穗園區
LEED 黃金級

泰國五廠
LEED 黃金級

印度 Rudrapur 廠
LEED 黃金級

印度 Gurgaon 廠
LEED 白金級

印度 Mumbai 大樓
LEED 白金級

台達總部 IT 資料中心
全球首座 LEED
V4 ID+C 白金級

泰國七廠
LEED 黃金級

2006 至 2022 年間，共打造 / 捐建 32 棟綠建築以及 2 座認證綠色資料中心。2021 年經認證的 15 棟廠辦綠建築及 5 棟學術捐建綠建築，共節電 1,809 萬度電，大約相當於減少 11,142 噸碳排。

中壢研發大樓
LEED 黃金級

台達永續之環
首例通過
建築碳足跡稽核建物

蘭花屋
2014 國際綠建築競賽
四項大獎作品

高雄那瑪夏民權國小
LEED 零能耗
LEED-EB 白金級
EEWH 鑽石級

台中一中 校史館
採綠建築手法修復之歷史建物

北京辦公大樓
LEED 銀級

成功大學 台達大樓
EEWH（未分級）

成功大學孫運璿
綠建築研究大樓
LEED 白金級
EEWH 鑽石級

中央大學 國鼎光電大樓
EEWH 銅級

清華大學 台達館
EEWH 銅級

台達吳江 IT 資料中心
LEED V4 ID+C 黃金級

四川楊家鎮
台達陽光小學
台達盃太陽能建築競賽
一等獎

四川龍門鄉
台達陽光初級中學
台達盃太陽能建築競賽
一等獎「經驗複製」類

江蘇中達低碳住宅
台達盃太陽能建築競賽
一等獎
中國綠色建築二星級

青海低能耗住房
（關聯項目）
台達盃太陽能建築競賽
獲獎作品「成組建設」類

荷蘭 Helmond 大樓
LEED 黃金級

雲南大寨中學
台達陽光教學綜合樓
台達盃太陽能建築競賽
一等獎「經驗複製」類

台達全球營收成長趨勢

50 多年來，台達業績持續成長，財務表現
亦屢創佳績。自 1971 年以來，截至 2021
年，年複合成長率為 29%。

單位：US$ Million　　　CAGR：年複合成長率

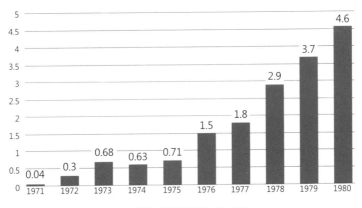

1971-1980 CAGR 69.42%

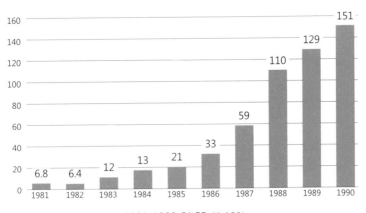

1981-1990 CAGR 41.13%

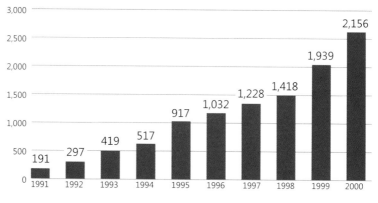

1991-2000 CAGR 33.17%

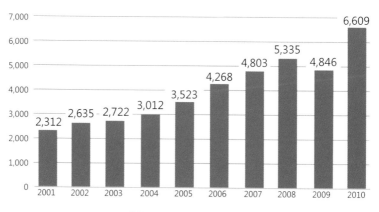

2001-2010 CAGR 11.1%

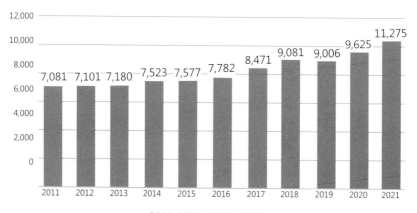

2011-2021 CAGR 4.32%

台達的創新節能產品與解決方案

台達持續提升電力電子核心技術，致力於提供創新、節能的解決方案與智能化產品，與客戶建立長期夥伴關係。

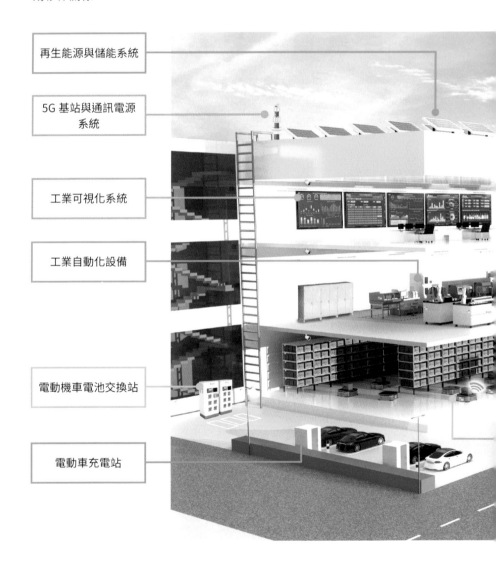

再生能源與儲能系統

5G 基站與通訊電源系統

工業可視化系統

工業自動化設備

電動機車電池交換站

電動車充電站

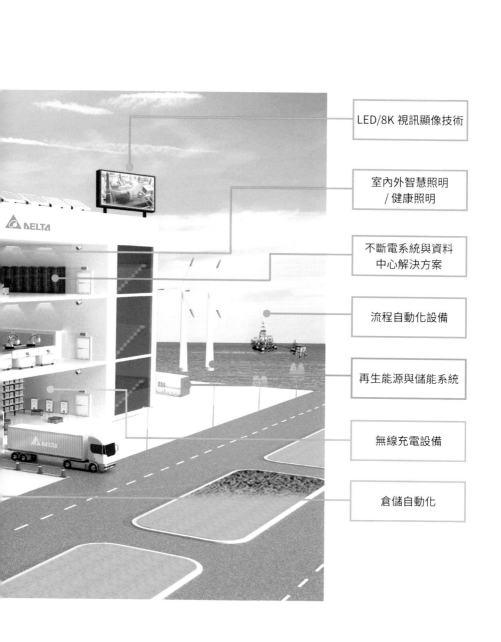

LED/8K 視訊顯像技術

室內外智慧照明 / 健康照明

不斷電系統與資料中心解決方案

流程自動化設備

再生能源與儲能系統

無線充電設備

倉儲自動化

台達所研發的電動車產品

台達在電動車產業鏈中扮演關鍵角色，可以提供動力系統總成，以及關鍵零組件。

電力電子

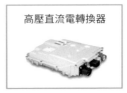
高壓直流電轉換器

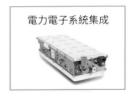
電力電子系統集成

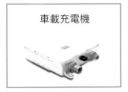
車載充電機

雙向車載充電機

EV 快充控制器

350kW 直流高速充電設備

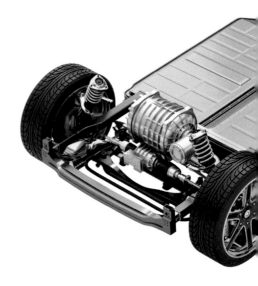

車載發電機

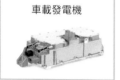

無線充電器

數位通信快充模組

輔助逆變器

驅動馬達

馬達驅動器

驅動馬達集成

四合一驅動系統集成

三合一驅動系統集成

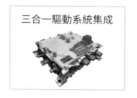

動力總成

台達於 20 世紀 90 年代開始發展工業自動化相關產品，時至今日已經是自動化解決方案與智能製造的領導廠商。

承襲創業以來持續專注的電力電子核心技術，台達在電動車時代來臨前就已做好充分準備，面對市場崛起，隨時可以發光發熱。

財經企管　BCB785

利他的力量

鄭崇華的初心與台達經營哲學

鄭崇華 —— 口述

傅瑋瓊 —— 採訪撰文

推薦序

光芒四射的「君子企業家」
——鄭崇華

高希均

遠見・天下文化事業群創辦人

　　經濟的繁榮與科技的應用，需要企業家；文明的進步與社會的和諧，需要君子風範的普及與大家的推崇。因此我對「君子」與「企業家」特別地嚮往與尊敬。

　　當前的台灣，既少君子，也少大企業家。

（一）什麼是「君子企業家」？

　　當君子的特質展現在企業家身上時，他們會比「社會」企業家更懂得經營企業，會比「良心」企業家更能發揮社會責任。

　　什麼是「君子」的特質？與企業結合，重要的幾項是：

　　——利人、利他、利天下。

　　——求人和、世和、心和。

　　——與人為善、沒有嫉妒，自我突破。

　　——成人之美、沒有貶損，樂見其成。

　　——不走極端、不會硬拗、不愛炫耀。

君子企業家光明磊落，不需結黨營私；他們靠專業，不需靠關係；他們靠市場競爭，不需靠政治勢力。他們嚮往的是：法治的透明與公平，政策的遠見與穩定。

（二）當前君子難求

在台灣人才外流的一九六〇～七〇年代，政府首長常說：「台灣缺資源、缺技術、缺資金、缺市場；最缺的還是人才。」

二十一世紀初，普遍的感覺是：「台灣最缺的不僅是人才，更是『人品』」。

儘管半世紀以來台灣在力爭上游，但到處仍是缺少「品」的例子。產品與服務缺少「品質」，消費者缺少「品味」，政商人物缺少「品格」。

「品格」是指：做事有原則；做人有誠信；態度上不爭、不貪，不獻媚；品德上有格、有節、有分寸。擁有這些「品格」的人，正就是泛稱的「君子」。當「人品」喪失時，「人才」就淪於「小人」，小人一旦當道，惡性循環就從此開始。

（三）台達創辦人鄭崇華是第一人選

當遠見・天下文化事業群決定提出「君子企業家」要尋找實例時，就立刻想到一個名字。他的品德、事業、海內外的貢獻，如排山倒海般地在我腦中湧現。

　　我心目中第一位的「君子企業家」是台達電子創辦人鄭崇華先生。在他二〇一〇年口述的《實在的力量》一書中，我有這樣的形容：「鄭先生的創業歷程，完全符合大經濟學家熊彼德所倡導『企業家精神』的經典定義。它是指創業者具有發掘商機與承擔風險的膽識，以及擁有組織與經營的本領。」走在時代潮流前面的他，還擁有另一個現代社會抱負：以君子風範，承擔企業社會責任；走出台灣，向世界示範。

　　《遠見》企業社會責任獎（CSR）自二〇〇五年舉辦以來，台達已累積二十座獎牌，創下無人能超越的高標。有趣的是，獎項設立前五年，由於台達連續三次獲得首獎，評審委員會只好把台達電晉升為「榮譽榜」，委婉說明：暫停三年申請。

　　台達不只是台灣企業的「高標」，二〇二二年連續十二年入選「道瓊永續指數」（DJSI）之「世界指數」，且總體評分為全球電子設備產業之首。

（四）節能減碳，腳步不停歇

　　其中，「綠建築」正是台達過去十年積極深耕的領域之一。鄭創辦人要求集團旗下所有新設廠辦都必須是綠建築，另外也捐贈了許多教學型的綠建築，包括成大南科研發中心、清華大學台達館、中央大學國鼎光電大樓等。過去十六年，已打造 32 棟綠建築，以及 2 座綠色資料中心，遍及台灣、中國大陸、印

度、日本、泰國及美國。

　　台達還勇敢而自信地擔任全球「示範者」：讓世界看見台灣在環境議題上的成績。二○一四年成為大中華區唯一入選CDP 氣候績效領導指數（Climate Performance Leadership Index，CPLI）的企業；二○一五年率團前往巴黎參加聯合國氣候變遷大會 COP 21，成為有史以來曝光率最高的台灣團隊；二○一六年和二○二○年，分別出版二冊《跟著台達蓋出綠建築》，記錄輝煌的「綠歷程」，節能減碳的腳步不曾停歇。

　　在《利他的力量》這本書中，鄭崇華分享了自己在生命不同階段的歷練與體悟，像是幼年時，外公、父親及多位師長教會他誠信守諾、謙虛助人、慎思明辨，使他後來在事業上堅持實事求是，後來更因其熱心幫助客戶解決問題而走上創業之路，並且不斷帶領員工創新精進，堅信「企業不能只是想賺錢，眼光應該要放遠，只要做出對社會有貢獻和價值的產品，商機自然就會來。」使台達成為全球提供電源管理與散熱服務的領導品牌。

　　在世界動盪中，鄭崇華這位光芒四射的「君子」，多次證實，只要堅持夢想、專注付出、堅持做有價值的事，「企業家」就能成為人類正向發展的動力。他與台達利人利己的經營哲學，值得所有人效法、學習。

二○二二年十一月於台北

目錄

PART I
—
初心

PART II

務實

PART III

精進

PART IV

利他

樸實無華的利他初心

總是對事情懷抱好奇心，會瘋狂地投入自己想做的事——就是這麼單純質樸、擇善固執的個性，讓鄭崇華衝破人生逆境，意外創立了市值衝上新台幣 7,000 多億元的台達電子。從他對生產品質的堅持、對自然環境的關懷、還有對社會公益的熱心奉獻，讓人看見「利他」所能帶來的巨大力量。

二〇一〇年，天下文化出版了台達集團創辦人鄭崇華第一本個人自傳《實在的力量》，發表後引發許多迴響，讓外界看見這間風格樸實的台灣企業，一路走來的艱辛歷程，那時不少人都把鄭崇華比喻為「台灣最被低估的企業家」。

時序發展至今，台達的成長腳步仍未停歇，十多年來不但營收增加將近一倍，市值在今年來到全台灣第六名的新高。近來，搭上電動車、儲能、雲端資料中心、5G、自動化等浪潮，被許多投資專家封為台灣的「護國神山群」，稱得上是這幾年最受關注的明星企業之一。

可是，令人驚訝的是，鄭崇華早在二〇一二年便宣布交棒、退休，這些年的許多好評和豐收果實，都是台達在「後創

辦人時代」繳出的成績單，不由得令人好奇，是他奠定的那些
制度、做法、策略？抑或精神層面的企業文化和風格典範？可
以帶領台達維繫成長能量、度過無數次的市場淘汰和時代考
驗？

　　這種看不見、摸不著的特質，就是這本《利他的力量》想
替大家解答的。當無數台灣企業都面臨接班傳承、科技更迭、
外在大環境劇烈變動等諸多挑戰，這正是產業界所急迫渴求、
像台達一般的隱形競爭力。

利他的力量，源自個人的起心動念

　　首先，仔細拆解鄭崇華個人特質對其經營企業的影響，可
發現許多存在已久的質樸理念，只是在近代社會急功近利的潮
流沖刷下，這些精神慢慢被人們淡忘了，甚至於認為不可能再
重新復刻、無法適用於當代。

　　然而，鄭崇華從流亡學生一步一腳印的成長歷程，乃至於
成為受人尊崇的企業家，卻是最佳的反證！

　　今天，年輕世代之間流傳著「躺平」、「安靜離職」、「不
想努力了」等負面意識，覺得再怎麼拚也無法出人頭地，乾脆
以消極、放棄的態度，作為抵抗手段。

　　可是，十三歲就從福建老家隻身來台，身旁既無家人照
顧、也沒有任何資源的鄭崇華，一個人在台中一中熬過了多年
的刻苦生活。那時的他，連躺平的選擇都沒有，因為只要一放

棄，就活不下去了，只能坦然接受，想辦法克服每天的各種挑戰。

「沒有學費跟生活費，常常不知道下一頓飯在哪裡？」想起以校為家的少年時期，鄭崇華沒有怨天尤人，反正認為雖然過得很緊張，卻提供了他勇於解決問題、走上創業路的充足養分，日後碰到難關，他總會自我激勵：「活不下去的日子，我都經歷過了，還不是活得好好的，這點困難算什麼？」

鍛鍊心志之餘，那段清苦日子所受的各種幫忙和點滴之恩，小至半顆饅頭、一筆獎學金、大到臨時救急的資金調度，鄭崇華都感念在心，覺得自己得之於人太多，促使他日後發起許多社會回饋活動和公益服務專案，希望幫助更多有需要的人，造福範圍甚至遠及泰北深山的華人學子。

不僅於周遭親友和企業相關人士，曾任行政院長的孫運璿先生、曾任經濟部長的李國鼎先生，也在鄭崇華的感念之列。這些年他陸續資助清華大學「孫運璿講座」、成功大學「李國鼎講座」，還在公司成立三十週年的慶祝活動，獨排眾議舉辦「國之99音樂會」，表揚對台灣科技與經濟發展貢獻卓著的兩位先賢，之後更由台達基金會製作《掌舵風雨世代——孫運璿》和《競走財經版圖——李國鼎》紀錄片，希望後人記得前人的典範。

鄭崇華與孫、李二位先生並無淵源，一切只因為他認為台達之所以能夠順利成長，歸功於這些人的無私奉獻，替台灣經

濟發展打好了基礎。

至於企業的成功之道，多年來，台達已被許多財經媒體和專家深入分析過，有人覺得台達是靠技術研發和品質追求取勝，有人認為是搭上電視、個人電腦、電動車等科技大趨勢。

儘管外界讚賞連連，其實，鄭崇華並不覺得台達有多麼「成功」。訪談時，直到幕僚拿出財報資料，他才驚覺，公司規模竟然這麼大了。

甚至於，他也不吝分享台達因應市場趨勢變化而急流勇退的產品線或轉投資，如：和日商合作鎳氫電池的湯淺台達、生產太陽能板的旺能光電、光碟機與光碟片事業部門，以及液晶顯示器與背投影電視、電子紙等產品。

不同點在於，鄭崇華並不戀棧過去的成功和流行。

最佳案例就是之前一度火紅的光碟產業，台達光碟機事業部門曾締造年營業額破百億元的榮景，對當時整體業績還不到300億元的台達來說，貢獻度不言可喻。但，預判雲端儲存的趨勢即將來臨，經過討論和深入思考，鄭崇華最終還是決定壯士斷腕，在最美好的時刻毅然結束光碟機事業。事後證明，這些決斷是正確的。

企業的成功，來自單純的善念與執著

而透過這本書的抽絲剝繭，你更會發現，原來台達許多生意和訂單、甚至是創業的點子，都是因為鄭崇華單純的善念而

來的。

他還在美商 TRW（Thompson Ramo Wooldridge Inc.，精密電子公司）工作時，常跟本土的大同公司來往，提供所需的電視機零組件，有時只是去洽談公務，但鄭崇華經常挽起袖子、到生產現場幫忙，甚至犧牲自己的週末休假時間私下幫忙。久了，不少大同主管都建議他：「鄭先生，你可以開公司賣零組件給電視廠商。」鄭崇華當時並不以為意，未料 TRW 在台灣不守環保規範以及任意裁員的舉措，讓鄭崇華對於外商只覬覦當時台灣的廉價勞動力與不盡完善的環保法規心生不滿，決意創立一家屬於華人、擁有自己技術的公司，就這樣啟動了他的創業念頭。

「我想我一定是瘋了，真的創業後，剛開始前面十多年，一天到晚都擔心公司會倒掉，客戶不給訂單就完了，我跟銀行也借不到錢，」鄭崇華苦笑。

可是冥冥中，老天爺已經幫他鋪好了一條獨立創業的路徑。出社會頭兩份工作，他各自在亞洲航空和 TRW 服務五年，歷練過飛機維修、工程管理、生產製造、品質管理等多種職務，還幫外商培養台灣的本土供應鏈，等於在工作前十年就鍛鍊出一身本事，足以扛起一家企業的營運和管理。

更重要的是，鄭崇華具有天生的好奇心，以及一種把事情做好、做對的執著。在亞航維修民航機時，雖然長官都覺得他已經做得很好、稱得上是專家了，但他還是苦惱自己並非航空

專業出身，或許只是湊巧解決了問題，事實上還是不明究理，哪天飛機掉下來怎麼辦？常在晚上做惡夢、擔心得睡不著覺。

後來到 TRW 負責品管，鄭崇華導入了 Military Standard 104D 品管抽樣計畫，造成生產部門反對不已，但鄭崇華絲毫不退讓，總經理只好出來協調。不過，最後果然大幅減少了退貨率，證明他的堅持是對的。

「我碰到事情，就是愛多管閒事，反而救了我的命，」還在 TRW 當品管經理時，他會義務幫生產部經理改善製程、經常忙到半夜。後來離職創業去了，結果那項產品重新生產又出現問題，無法順利出貨。TRW 外籍主管 Bill Jones 一問之下，得知鄭崇華是當年解決問題的人，便親自打電話求助，最後乾脆把產品外包給台達代工，幫了台達一個大忙。原本，台達那時正苦於第一次石油危機造成的訂單下滑衝擊，TRW 的訂單無疑是場及時雨。

諸如此類，無心插柳的義務幫忙，最後都變成朋友來提攜自己，這種因單純善念造就的業務來往和長期訂單，在台達超過半世紀的經營歷史裡，屢見不鮮。

像當年爭取國際大廠飛利浦的訂單，一開始對方採購經理就表明：「總公司已決定向日商東光（TOKO）訂購，不可能再找供應商了。」彼時的東光，是飛利浦長期合作的線圈供應商，台達怎可能有機會介入？

沒想到後來飛利浦試產，東光設計的線圈一直無法調出正

確圖形，又遲遲未派人到台灣協助，採購經理只好打電話向鄭崇華求助，要求義務幫忙、也沒有任何承諾。鄭崇華立刻答應，果然在救火成功後讓飛利浦刮目相看，開啟了雙方的合作關係。

團隊的成就，起於充分的授權和信任

此外，若問鄭崇華台達的成功原因和創新祕訣，他總輕描淡寫地回答：「那些都是台達的員工做的，是他們厲害，不是我，」不居功的謙遜態度，跟其他霸氣十足的企業家截然不同。

事實上，因為鄭崇華的充分授權，台達的確有一批勇於任事、奉獻專才的員工。前面提及的飛利浦線圈救火案，就是資深員工許美華的知名事績，後來更在大同生產 12PC 黑白電視機時立下汗馬功勞。出乎意料的是，當年只有中學畢業學歷的員工許美華，展現了高超的學習能力和敬業態度，因此獲得鄭崇華充分信任，成為得力助手之一。「鄭先生不計較學歷，大膽用人，讓我有機會學到很多連大學書本都沒有教的經驗，」許美華感激地說。

在草創時期，就是靠這群如同家人般的員工，造就了台達成功的基因，因為大家都有很強的拚勁、而且不怕勞苦、對客戶的要求使命必達。所以鄭崇華始終認為，沒有不能用的人，重要的是「把人用在對的地方。」如果把人放錯位置，員工當然會離開，「就像你讓木匠去做泥水匠，做不好還怪他。」

最早在客戶端 RCA（Radio Corporation of America，美國無線電公司）的王國興，更是鄭崇華十分佩服的工程師，他早年還在 RCA 上班時就常義務幫台達解決生產難題，後來也被延攬到台達一起打拚，成為備受器重的技術班底，替台達奠定電源供應器市場的深厚基礎。多年後，王國興不幸因病辭世，鄭崇華到府探望家人，發現他家裡竟然有個小實驗室，連放假時間都在為公司研究、排疑解難。鄭崇華不捨地說：「他對工作真的很有熱忱！」

而當規模愈來愈大，想要持續培育人才、維繫創新能量的難度也愈來愈高。對此，台達先是在二〇一一年參考 IBM 模式，導入新事業發展（New Business Development, NBD）制度，爾後於二〇一三年成立台達研究院（Delta Research Center, DRC），帶領企業逐步跨入物聯網、智慧製造、高速運算、生命科學等全新領域，這些年替公司孕育出許多新商機，及早儲備未來的創新動能。

除了經營成果，這些年台達另一項博得各界好感的，就是他們在企業社會責任、推廣環境議題、ESG（Environment, Social and Governance）治理成就等方面的良好風評，堪稱是業界公認的永續標竿。

早些年，這塊領域跟企業經營實務比較無關，很多事情的起頭，都是因為鄭崇華自己的起心動念，還有對人、對環境的基本關懷心態。

比方，還在 TRW 工作時，當時工廠製造可變電容器產品需要鍍鎳跟防鏽處理，他看到電鍍師父在工作間吃便當，立刻苦口婆心地提醒：「千萬不要這樣做，你會中毒而死。」因為鍍鎳電解液含有劇毒，稍一不慎、便後果堪慮。

而從美國受訓回來，看到台灣工廠的電鍍廢水，竟然沒處理就直接排放出去，鄭崇華也立刻跟老闆反映，「TRW 在美國都有處理廢水，為什麼台灣沒有？」老闆回答：「台灣沒有法律規定。」這般海內外不同調的環境治理現象，在那時候相當普遍。但鄭崇華據理力爭：「雖然環保法規沒有，但若毒害人，依民法公司要賠錢；若影響生命或致死，則涉及刑法。」最後終於說服老闆，允許他用浸藥水方式取代鍍鎳製程，減少對周遭環境的負面衝擊。

社會的好評，導因於對人與環境的關懷

二〇〇一年打入日商遊戲機供應鏈，更是業界傳頌一時的案例。

因為鉛具有毒性，假使跑到土壤或飲用水，就可能影響環境生態、甚至害人中毒。有鑑於此，早在一九九九年，鄭崇華就開始評估把含鉛的銲錫製程、改成無鉛銲錫，儘管成本會因此提高，兩年後，台達依舊率先在廠區設立重金屬及毒性物質檢驗實驗室，堅持無鉛銲錫的走向，走在法令規範之先。

果然，幾年後，歐洲市場全面提高環保規範，迫使日本品

牌商四處尋找符合「有害物質限用指令」（RoHS）的供應商，這才發現，台達早已採用無鉛銲錫，因此挹注了大筆訂單，旗下遊戲機電源幾乎都委託台達供應，二〇〇三年還頒發全球第一張海外「綠色夥伴」認證給台達。

此外，儘管創業初期便歷經兩次能源危機，還在一九八〇年代遇到台灣用電量大增、各方要求廣建電廠的呼聲，但鄭崇華卻認為，應該鼓勵節能、提高能源使用效率。這種珍惜資源的想法，即是台達跨入電源供應器和相關零組件的契機，甚至於在後來成為這方面的全球龍頭。

對鄭崇華來說，若能在開發新產品和各種解決方案的同時，也為環境和氣候變遷盡一份心力，對企業來說，不只是盡到社會責任，更蘊含了無限商機。「只要把伺服器電源的效率提高 1%，就可以節省 1MW（百萬瓦）的系統用電！」鄭崇華常用這個概念勉勵員工，促使員工不斷絞盡腦汁，做出全世界能源效率最頂尖的產品，幫助客戶節能和減少排碳量，同時也對環境生態帶來正面貢獻。

更令人津津樂道的，還有二〇一五年底，鄭崇華率領大批台達員工前往法國巴黎，參與聯合國氣候峰會 COP 21 的許多活動，甚至在官方會場舉行周邊會議與綠建築展覽，把台達精心打造的 21 棟綠建築推上世界舞台。

這一切的根源，是因為他看了一本書《綠色資本主義》（*Natural Capitalism*），書裡介紹了許多節能科技和實踐案例，

讓鄭崇華決定親自到美國拜訪作者——洛磯山研究院創辦人羅文斯（Amory Lovins），還帶了一批幹部到泰國、德國實地參訪綠建築。

返國後，台達馬上投入綠建築的興建。二〇〇六年，台達第一座綠建築（台南廠）在台南科學園區落成啟用，成為全台第一座黃金級綠色廠辦，後升格為鑽石級。經過十幾年來的努力，如今他們已經累積打造了 32 座綠建築與 2 座經 LEED 認證的綠色數據中心，類型包括：生產基地、辦公大樓及學術捐贈等建築，成為各方讚賞的綠建築實踐者。

一開始投入綠建築，只因為鄭崇華認為這是對環境有益的事，也能幫忙減緩氣候變遷和全球暖化帶來的衝擊。結果做久了，不但幫企業省下許多能源支出、博得好名聲，甚至於還衍生出更大的節能商機，幫助台達從 IT（資訊科技）轉進 ET（能源科技），真正貫徹了環保、節能、愛地球的經營使命，更在近年風行的 ESG 熱潮搶得先機。

而當外界關注電動車市場的豐碩成果時，殊不知，台達早在二〇〇八年就已投入電動車動力與電控系統的研發，更在二〇一八年加入國際電動車倡議 EV100，成為全球第一家電動車能源基礎設施提供者的會員，承諾二〇三〇年前在主要營運據點廣設充電設施，提供友善的電動車使用環境給員工和客戶。二〇二一年再宣布加入全球再生能源倡議組織 RE100，承諾所有據點在二〇三〇年達成 100％使用再生能源及碳中和。證明

他們不是為了做生意喊喊口號，而是真的要實踐這些環保理念。

出版前夕最後一次採訪，我問，這本書想要傳達給讀者的訊息是什麼？

不出意料的，鄭崇華依舊不改低調風格地表示，自己只是個普通人，沒有太多可跟外界分享的成功經驗談，甚至笑說太座謝逸英常念他，根本不是在經營企業、而是在玩，若有些許成就，都是因為身邊有很多員工願意幫忙。

或許，鄭崇華和其他企業家最大的不同在於，「我對事情有好奇心，會瘋狂地投入自己想做的事。」從他對生產品質的堅持、對自然環境的關懷、還有對社會公益的熱心奉獻，皆是如此。

如此樸實無華的初心，應該就是「利他的力量」吧！

Part I

初心

——來自生命中的好老師

誠如孟子所云：

「君子所以異於人者，以其存心也。」

「愛人者恆愛之，敬人者，恆敬之。」

鄭崇華所付出、給予他人的，最終回到他的身上。

在一生無數轉變中，他有幸遇到幾位「好老師」，

有形無形地教會他許多人生的真義和智慧，

翻轉出截然不同的人生。

01 開大門走大路，做人做事的擔當

——外公的潛移默化，開啟正派真誠的人生大道

五歲時，為了避難搬到水吉鄉下和外公同住，耳濡目染下，外公做木材生意，其為人處事的身教在無形中潛移默化，影響鄭崇華的人格養成，是他生命中的第一個好老師。

人生如時間長河！台達電子創辦人鄭崇華的人生際遇，隨著歷史大洪流，如河道遇地形險阻轉折，不僅改變了方向，他十三歲從閩江上游順流而下到了福州，意外橫渡台灣海峽到台灣求學，卻讓生命的長河蜿蜒、彎繞，轉出壯闊風景。

在一生無數轉變中，他有幸遇到幾位「好老師」，有形無形地教會他許多人生的真義和智慧，翻轉出截然不同的人生。

在水吉鄉間與自然為伍，滋養了童年

人生的第一次改變，大約在他五歲時，那時他仍是個不諳世事的黃口孺子。

　　鄭崇華是福建省建甌市人，那是一座位於閩江上游、具有三千多年歷史的文化古都，但他其實是出生在福州市倉前山（現倉山區）的可園，三歲左右才回到故鄉建甌。

　　當時，對日抗戰如火如荼。在建甌老城區北端有一座飛機場，是運轉軍政人員及戰爭物資的軍用機場，當時也是美國空軍機隊飛虎隊的中轉基地，戰時則成為敵軍砲火猛烈攻擊的顯著標的。

　　鄭崇華的外公住在距離建甌近六十公里外的水吉縣（現今福建南平市建陽區水吉鎮），外公擔心女兒一家人的安危，要求他們回鄉下避難，於是媽媽帶著他和弟弟搬到水吉躲避空襲。

　　離開城市繁榮的生活，與自然為伍，無拘無束的鄉居歲月，豐富了他的童年。從五歲搬到水吉，十三歲離開，這八年的時光是他最無憂無慮、最快樂的人生印記。

　　鄭崇華經常跟在外公身邊打轉，耳濡目染下，外公的為人、處事，身教在無形中潛移默化，影響人格養成，無疑是他人生中的第一個老師。

外公是學做生意的第一個「老師」

　　外公李氏家族可稱是水吉縣「首富」，排行老八的外公有十五個堂兄弟，但因父親早逝，由寡母帶大，他分到的田產最少，是家族中相對最窮的一脈。

鄭崇華曾聽舅舅說：「小時候，家裡幾乎天天吃蜊仔（河蜆），我看了就恨！」因為從河裡撈起來的河蜆最便宜，對曾經窮困的生活充滿無奈。

常言道：「靠山吃山，靠水吃水」。水吉縣坐擁純淨的大自然，田野物產豐饒，最便宜的食糧，是取自老天的恩賜，豐沛的天然資源孕育外公一家。

水吉縣地處閩北，在武夷山脈東南山麓，南浦溪中游貫穿全縣，因地形多為丘陵，山青水秀，氣候宜人，自古是著名的產茶區；加上武夷山脈植物資源豐富、森林茂密，自古是中國三大林區之一，靠著經營木材和製茶批發生意，**翻轉**外公家的命運。

外公的木材和茶葉事業雇用許多工人，印象中，每遇到發薪日，大人便忙著數鈔票，每次都準時發放員工薪資。

有時，外公會要求他幫忙，「你來數鈔，不要數錯了！」叮囑他要細心；有時，錢不夠了，需要人手到錢莊（如同早年的私人銀行）提領，他便自告奮勇喊道：「我去！我去！」外公也笑笑地說：「好，你去！」假裝指派他去領錢。

初生之犢不畏虎，鄭崇華便興高采烈地出門領錢，當時年紀尚小，個頭還不及錢莊櫃檯高，錢莊自然不會讓毛頭小子領錢，事實上，外公早已派個大人跟在他後面，把要事辦完。

類似生活中的訓練，培養他謹慎心細（數鈔）和膽識（出

門領錢），讓他學會承擔當老闆的責任。這是外公教他的第一
堂課。

誠信無價，是商人的立身之本

「外公做木材生意，賺了錢就買下整座山。」他回憶說，外
公會把生長較密的樹砍伐疏林，讓樹木有足夠的空間生長壯
大；砍伐後也會種下樹苗，讓樹林生生不息；擁有長遠經營的
眼光，深諳生意投資之道，事業才能永續。那是外公教會他的
第二堂課。

偶爾，外公會帶他去看工人伐木，「砍下來的每根木頭，
都會用刻著『李畬記』標記的鐵棒，燒紅後烙印在木頭上，」
鄭崇華至今印象仍深刻地說，「粗大的原木從山坡滾入溪河，
順著河水往下流。」

早年中國陸路運輸交通不便，木材多以「放溪漂運」、「紮
排筏運」的特殊水路運輸方式。木材砍伐之後，沿著山林間的
轆道滾下山，木材落入溪河後順流到大河口集中，再用硬木及
竹篾等捆紮，變成木排筏；有時排筏上還會載運物資，成了運
載工具，雇用排筏工人駕木筏，順著閩江而下，運抵福州，賣
給大型木材廠再加工裝上輪船出口。福州是福建省會，是各種
貨物也是木材集散地。

木材業者最害怕遇到山洪暴發，杉木若被大水沖走，不僅

財物損失，木材缺貨不能如期出貨，則有損商譽。為了減少損失，外公對外聲明若撿到「李畬記」的木材，他將以合理的價格買回。

撿拾者送回烙印著「李畬記」的原木，果真獲得允諾的價金，往後，隨大水四處漂流的李家木材，大多能物歸原主，雖然負擔成本提高，但損失降到最低，又能如期、如數交貨，信守商譽，穩固了事業。

有時，大水過後，外公家的木材反而變多了。原來，有些木材商不願用較好的價格回購，或付款時拖泥帶水，鄉民撿拾到木頭，寧可當材燒也不願送還物主，甚至往李家送，但為人正直的外公，不據為己有，執意退回不是「李畬記」的木頭。

外公堅守承諾，本著誠信的做人原則，獲得鄉民好評。那是外公教會他的第三堂課——重諾、守信。

「信用是無價的。」鄭崇華說，從外公的身教，體會到講信用的重要。無論是就業或自行創業，誠信都是他最高的行事準繩。

三十六歲創業，不搶老東家生意

一九七一年，三十六歲的鄭崇華決定離開他出社會後第二份在 TRW（美商精密電子公司）的工作，租下新莊民安路一棟二層樓的建築，籌措了 30 萬元，成立台達電子，從內銷電視線

圈開始事業根基。

離職時，他只從老東家 TRW 帶走兩個領班許美華和許仁慈。TRW 老闆詢問他創業要做什麼產品？他回應：「和 TRW 類似，但三年內我不會接 TRW 客戶的訂單。」鄭崇華認為，搶生意不厚道，雖然 TRW 沒有要求，但他信守承諾，直到三年後，台達才開始開發美商 RCA（美國無線電公司）、Zenith（增你智）等客戶。

初期台達專攻內銷市場，因初創時資金有限，台達透過一賣（零件）一買（材料）給付期限的時間差，調度資金。

當時大同公司是主要的客戶，舉例來說，大同開票付款期限是 30 天，台達開給供應商 45 天的支票，有 15 天緩衝期可支付原材料錢。

「當時公司很小，什麼時候交貨、幾號錢會進來、要付多少錢、每天結餘數字是正或負……，一張報表紙就列完了。」鄭崇華細數草創維艱，15 名員工、客戶數不多、業績有限，是早年台灣中小企業典型的發展模式。

台達的線圈品質獲得口碑，隨著業務量提升，大同成為最大客戶，每月結算給付的款項不再是小數目。大同的誠信是業界有口皆碑，台達都能準時收到貨款；但依照大同內部流程，若對外支付資金超過一定額度，必須董事長林挺生親自簽核，若遇到林挺生出差、出國時，貨款支付則可能延遲，現金周轉

就成了棘手問題。

辛苦調頭寸的草創期

有一次，林挺生出國許久未歸，貨款無法簽核，台達資金軋不過來，鄭崇華只好去找大同承辦人員，面有難色地說：「我薪水都發不出來了！」承辦人員隨即想出通融的方法，把原本一大筆的給付款項分拆成兩、三筆，以解台達的燃眉之急。

一九七三年至一九七四年發生第一次石油危機，全球不景氣，大同的訂單愈來愈少，票期也從 30 天、45 天變成 90 天，最後長達 120 天，讓當時業務幾乎全壓在大同，已捉襟見肘的財務情況，更是雪上加霜，若資金軋不過來，台達就會破產。

有一回，又遇到資金吃緊，眼見就要發不出薪水了。鄭崇華的太太見他愁眉深鎖，得知他急需資金周轉。

他岳父是中興大學法商學院（台北大學前身）的教授，結識不少教授朋友。岳父跟他提到，有位鄰居教授的積蓄借存在大同公司。台灣早年工商企業界吸收員工存款做為財務周轉，名義為借款，支付比台灣銀行較高的利息。

在岳父引介下，鄭崇華登門拜訪請託，對方竟不惜損失利息，立刻帶他到大同公司解約提出存款，借錢給他。

「我和這位教授並不很熟，厚著臉皮跟他借錢，他竟然信任我，拿積蓄幫助我度難關。」他回憶當年，至今仍感激涕零。

「另外有位做牙醫的親戚，只要開口，很願意借錢給我，但我不敢多借，覺得萬一生意失敗了，恐怕一輩子打工賺錢都沒有能力還債。」他直言，若借錢擴張，多接一些訂單，公司就會成長得更快。但他自忖，要有能力償還債務，才敢借錢，謹慎、穩健的態度，一如當年外公賺了錢，才去買山林的踏實做法。

有時需要辛苦調頭寸的日子持續將近三年。遇到石油危機時，訂單減少，當時轉而開發外商 RCA 的業務，「直到取得 RCA 訂單後，拿 LC（信用狀）向台灣銀行貸款，取得低利率的資金後，才舒緩經常調度資金的壓力。」他回憶著創業初期戰戰兢兢的日子。

正派經營，還是可以獲得訂單

在商業領域，回扣是一種業務生意往來的不良風氣，總有人很難杜絕收受利益的誘惑。幸好，大同公司風氣很好，沒有人收回扣。剛開始，RCA 風氣也不錯，過了一段時間，就有供應商送回扣給採購人員，但並不是所有人都會收受。

在台達逐漸轉往外銷市場後，某次鄭崇華正好在美國 RCA 總公司，和工程部經理及採購人員洽談新機種零件設計和送樣品時程，在雙方相談甚歡之際，一通來自台灣的越洋電話，指名找鄭崇華。

「鄭先生，我被關起來了。」電話另一頭是台達員工許美華，她氣急敗壞對著話筒說：「RCA 把所有線圈的供應商都關在圓山大飯店，他們發現員工拿回扣，要求交出（收回扣的採購人員）名單。」

鄭崇華聽完，臉色一沉，隨即對 RCA 相關人員說：「我的員工被你們關起來，這對我們是侮辱。」「我非常認真努力跟 RCA 合作，但你們還是不信任我！請馬上把我的員工放出來！」並立刻中止當時的商務洽談。

他不假辭色地提出嚴正抗議，美國 RCA 總部自知理虧，立刻打電話到台灣指示放人。結果，立刻放走台達員工，除台達外，幾乎所有供應商都被關在圓山飯店盤查。「這是不爭的事實。」事過境遷已逾四十年，鄭崇華坦蕩地說。

事後，RCA 經理問鄭崇華：「沒有給回扣，RCA 台灣的採購人員會不會有生意不告訴你？」他認為不會，但會晚通知。那次事件之後，「RCA 決定，從今以後所有規格會與其他供應商一樣，同時交給台達。要我們直接跟總公司聯繫、往來，有任何需求，總部會直接跟我接洽，」鄭崇華說。

不給回扣，也不跟要求回扣的廠商往來合作，是台達一貫的企業文化。

像創業初期，愛德蒙（Admiral Overseas Corporation, AOC）想要使用台達產品，但因鄭崇華堅持不給回扣，完全做不成生

意。直到台灣 AOC 出售，新任總經理上任後，才成為 AOC 的供應商。

　　台達全球各地的零件供應商，同樣必須遵守不可送回扣的規定。當時，台達位於中國大陸東莞石碣鎮的工廠剛開始營運，即要求各零件供應廠商總經理親自到廠區，大家到場後才知道，台達要求負責人簽約，不得給台達員工回扣、禮物或其他不當行為，如事件嚴重，不僅員工開除，供應商也永不往來。足見台達恪守絕不拿回扣的原則，且嚴格執行，絕不是說說而已。

　　這種「有所為，有所不為」的特質，明顯受外公做人正派，是非、對錯、善惡觀念鮮明所影響，也落實在企業文化上。鄭崇華堅信，好的風氣一開始就要養成，只要行得正，就不畏懼面對困難。

　　秉持誠信做人做事的原則，不僅嚴禁員工接受供應商有價值的禮物，也禁止與客戶進入不良場所。他說：「如果需要不當應酬才能拿到生意，我寧可流失訂單，也不能讓員工因為不正當的行為而影響家庭生活、對不起員工家屬。」因此員工家屬都很放心讓家人在台達上班，全心貢獻工作。

不遲發薪水、不裁員的老闆

　　外公經商做生意，但李家先祖在滿清時代當官，家裡懸掛

許多牌匾，在他的記憶中，外公閒暇時經常看古書，也會帶著他吟唱古書。外公生養四女四男，子女從小接受教育薰陶，舅舅們都畢業自北京名校。

最特別的是，三位舅舅英文造詣非常好，大舅舅擔任天津南開大學英文系主任；二舅舅畢業自西南聯大，是中央社創始元老，曾陪同蔣介石到韓國與首任總統李承晚會面，擔任隨行英文翻譯，返台後亦協助翻譯總統文告，後來到香港任泛亞通訊社總編輯；三舅原本在福州英華中學教英文，後來帶著鄭崇華到台灣，在台中一中當英文老師。

近百年前，水吉地處偏鄉，學習資源並不充足，舅舅們的英文底子卻如此深厚，相當耐人尋味。據鄭崇華聽外公說，有一位海歸青年，早年到英國留學，英文程度非常好，原以為回鄉可謀得好職位，但卻找不到工作，外公便請他當孩子的英文家教，因而培養他們傑出的外語能力。

鄭崇華初入社會的兩份工作都是外商，在 TRW 還曾外派美國受訓；後來創立台達，更經常單槍匹馬到美國跑業務，英語能力對台達拓展海外市場幫助很大。

但對外商企業經營方式，他卻不以為然。看到外商遇到訂單下滑就裁員，訂單多時就招募人手，也不開發新產品，沒有長期經營的打算，讓他很失望。

一般工作需要半年到一年以上才能訓練出有經驗的幹部，

鄭崇華在 TRW 服務五年，歷經四位總經理，雖然他們對本地幹部都不錯，但對於裁員，即便鄭崇華一再反應，把優秀的幹部辭退是得不償失的行為，他們仍礙於總公司規定而無法改變這種行為。直到他培養的能力很強的品管經理被裁員，這才埋下了他自行創業的種子。

創業迄今五十年來，他不曾因不景氣、業績不佳而裁員，也從來沒有遲發過員工薪資，這是他當老闆後，謹守、堅持不變的原則。在創業第三年，全球爆發石油危機，成本攀高、訂單下滑。一九七二年就到台達服務的陳寶賢，回憶起那段不景氣的日子，即便公司資金調度困難，「鄭先生沒有資遣任何一個員工或遲發薪水，更沒有因業績壓力對我們疾言厲色。」

儘管當年大環境不佳，鄭崇華及幹部們都很緊張，但也沒有正式宣布，以避免影響士氣，部門主管開會討論如何因應危機，決定生產線同仁保留底薪，採兩個星期輪休、照發底薪，在沒有獎金、不裁員的前提下，讓公司度過難關。

不到三個月，景氣好轉，訂單陸續回籠，營運隨即恢復正常。

有情有義的行事風格，贏得部屬敬愛

鄭崇華的媽媽是長女，他是外公家第三代的第一個外孫，深得外公外婆寵愛，經常帶著他到處走動，像個小跟班。由於

外公很嚴肅，遇到員工做錯事或工作沒做好，總是嚴厲批評，只有備受疼愛的他敢直言：「外公你怎麼這麼兇，人家都給你罵哭了！」

事實上，外公很照顧員工，對員工很好。例如，有員工沒來上工，他就開罵：「某某今天怎麼又沒來？好幾天都沒有看到他。」其他員工回應說：「他生病了，病得滿厲害。」他又連珠炮式的疾言：「病得那麼厲害，都不跟我講。是什麼病，你立刻找醫生送藥去。」著急地給錢要人立刻去辦。

所謂帶人帶心，員工也真誠回報，對他忠心耿耿。長大後，鄭崇華才懂得外公潛藏在內心的真摯情感，乍看性子急、脾氣不好，實則待人真誠、溫暖，待得久的員工都看在眼裡，了解他的真性情。

訪談過程中，鄭崇華突然苦笑一聲說：「外公好的、壞的（特質）我好像都學到了！」他突然轉頭問一旁的員工：「你會不會覺得我很會罵人？」幕僚當下愣了一下，不知如何回應。他哂然一笑，反省說：「我知道自己是個很會逼同仁做事的人。」自覺個性急、對員工要求嚴格也像外公。

「外表耿直、做事積極、急性子、萬事唯美主義、要求部屬嚴格、直來直往、不拐彎子。」和鄭崇華熟識逾五十年的老友、增你強董事長周友義，曾如此貼切地描繪出鄭崇華的個人特質。

　　他行事明快，反應靈活，但求好心切，「事情很重要，也告訴對方很重要了，如果還是沒有體會到重要性，我就會生氣，講話語氣就不會那麼客氣。」但看到對方難過沮喪的表情，他馬上又站在員工的立場，耐心解說、分析原因。

　　他待人如此溫潤、真誠、寬容，不僅得到員工的敬重，在重利、競爭的商場上，仍保持一貫真心、真誠相待的態度，因而贏得信賴，成就長久合作的夥伴關係。

商場交手難得的「千年知己」

　　一九九一年，台達歡慶二十週年時，合作夥伴日本進工業（Susumu）創辦人兼當時的社長美和武志（Takeshi Miwa），以「千年知己」一詞，形容雙方理念契合的合作關係，如同人生中千年難見的知己。

　　一九八〇年代末期，台達有意切入薄膜市場，當時負責這項新技術開發的負責人劉春條，到日本相關公司叩門，卻不得其門而入，在偶然機會下，清華大學一位教授得知 Susumu 有相關技術，有意跟台灣企業合作，透過教授引介下，而促成雙方順利合作的機緣。

　　一九八九年八月，鄭崇華、劉春條和 Susumu 創辦人美和武志初識，由於美和武志醉心於技術研發，和務實精進技術的鄭崇華、劉春條一見如故，雙方在十二月即締結技術合作契

約，台達派出技術團隊到日本學習取經。

對做事向來嚴謹的日商 Susumu 來說，不論是對日本企業或外商，從來沒有如此迅速完成的先例。

一九九一年，由於台達看好 Susumu 用薄膜來做電阻的技術，可應用在大量縮小電路板面積，而 Susumu 則看好台達工廠管理和生產製造能力，雙方決定合資，以四億元股本成立「乾坤科技」，公司設址在新竹科學園區。當時政府擬定獎勵高科技業投資條例，以促進產業升級，其中明定技術移轉方可以「技術作股」取得股權；Susumu 由美和武志和同事兩人來台洽談投資事宜，鄭、劉兩人在竹科接待他們，並把台灣政府法規「可以取得 15％的技術股」之事告知對方。

「他們兩人用日文在會議室商量許久，我和鄭先生聽不懂日文，還擔心對方是否覺得 15％太少。」最後才知道，他們認為不應收台達技術費。

但鄭崇華認為，技術來自日方，理應支付技術權利金，以技術作股非常合理；美和武志則表明，他們只懂研發，台達行銷、銷售、自動化等方面都很優異，日方必須仰賴台達，不應收技術費，最後，日方投入 6 千萬元、占 15％股權合資成立乾坤。

但乾坤成立不久後，Susumu 因日本大型電腦公司無訂單導致經營困難，Susumu 受衝擊，訂單減退、銀行緊縮銀根，財務

陷入危機。得知合作夥伴有難，「那時候，鄭先生就說：
『Susumu 投資乾坤多少錢，我們就投資 Susumu 多少錢。』」劉
春條清晰記得，近三十年前鄭崇華如此特別的決定。

　　這個「反向投資」的情義相挺，猶如雪中送炭，「連外資
企業都投資、肯定 Susumu，讓日本銀行願意融資貸款給
Susumu 而化解危機」；有了日方精良的薄膜技術加持，台達的
製造品質也日益精進，為雙方創造長期獲利的機會。

待人以誠，屢獲貴人相助

　　台達電子創業初期，生產 10 毫米中周變壓器（IFT）時，
需要鐵芯等各種零組件。原本在 Nippon Ferrite（後改名為
Hitachi Ferrite）任職的森原洋次（Yoji Morihara），到台達拜訪
鄭崇華，禮貌地詢問：「有什麼可以幫忙的地方？」鄭崇華想了
想，拿出一張採購清單給他。

　　看了看清單，森原開口道：「數量這麼少，代理採購的手續
費恐怕就比採購金額還要高了。」揣著那張採購清單，沒再說
什麼就離開了。鄭崇華心想，「這筆採購生意應做成不了。」

　　沒想到，過了一兩週，森原提著一個花布包到台達。鄭崇
華打開一看，喜出望外，「裡面都是我需要的 IFT 零件，他不
僅免費服務，還親自送來。」

　　多年後，台達和飛利浦新加坡公司合作生產彩色電視，但

台達供應商擅改鐵芯材料，品質出了問題，鄭崇華再請貴人森原幫忙，緊急從日本空運鐵芯來，台達才及時供貨給飛利浦，順利解決問題。回溯過往，他述說著已近五十年前的點點滴滴，心中仍感動不已。

待人以誠，始終如一，這種人格堅持，讓他獲得貴人相助，在創業之初，度過幾次危機。

鄭崇華的經營心法：

● 「信用是無價的，」鄭崇華從外公的身教體會講信用的重要。無論是就業或自行創業，誠信都是他最高的行事準繩。

● 「如果需要不當應酬才能拿到生意，我寧可流失訂單，也不能讓員工因為不正當的行為而影響家庭生活、對不起員工家屬。」

● 在重利、競爭的商場上，若能保持一貫真心、真誠相待，更能贏得信賴，成就長久合作的夥伴關係。

從仗義直言到低調內斂

——在憂患中成長，學會小心駛得萬年船

　　勤儉樸實、盡職樂觀的父親，讓鄭崇華體會無欲則剛的韌性和盡忠職守的品性；初中汪老師更為他上了「信任」的寶貴第一課，這些都內化成鄭崇華的人生養分，讓他學會推己及人、體諒基層，在創業過程中逐漸匯聚一同打拚的好員工。

　　在小學高年級到中學的成長過程，鄭崇華受到父親鄭政謀的影響最深遠，是指引他人生方向的第二位好老師。

　　從小受到外公外婆寵愛，鄭崇華自承，他不是一個太聽話的孩子，但十三歲離家之後，只要遇到問題，每每回想父親的教誨，依照他的教導做人處事，問題多半能迎刃而解。

父親棄法從醫，勇敢追求志趣

　　鄭政謀是一位懸壺濟世的中醫，工作非常忙碌，但對鄭崇華的管教從不鬆懈，自他有記憶之後，印象中父親很少罵他，多半對他講道理，雖然次數不多，但父親說的話，每次都讓他

再三回味。

高中畢業時，他被鄭崇華的外公相中，將大女兒許配給他，並資助他到福州念大學，栽培他攻讀法律。但因不喜歡做律師或法官，他不情願卻不敢違逆岳父，不快樂地讀到法律系四年級。

後來因意外生了一場重病，被福州一位知名中醫師醫治救活後，他便決定從醫救人，拜託名醫收他為徒。當時他已念到大四，又已婚、有小孩，中醫師不贊成他改行，不願教他，但經他苦苦懇求，中醫師才答應傳授醫術。

後來，他父親回到建甌執業，也成為一位名醫，實現了當醫生救人的理想。他視治病為天職，每天不辭勞苦、不懼危險為病人看病，不看診時就勤奮鑽研醫理，生活非常充實、快樂。

小時候，父親問鄭崇華是否想學醫，因為常見到求診的病人愁容滿面，讓他整天心裡都很難過，因此拒絕學醫。但父親醫病時專心一致的精神，卻深深影響他往後的工作選擇。

「野鶴無糧天地寬」

在中日抗戰勝利前兩年，水吉鄉下突然鼠疫大流行，鄭崇華的外婆不幸染病，鄭政謀特地從建甌搬到水吉為岳母治病，也治療其他病人。他的醫術高明，不僅醫治好外婆的鼠疫病，也拯救了很多鄉民的性命。

　　即使天色很晚了，接獲求醫通知，仍謹守本分，堅持出診行醫，毫不畏懼鼠疫惡疾，令鄭崇華的母親擔心不已。

　　富有正義感的父親，不僅盡職替人醫病，且經常義助窮困病人，若遇到付不出醫藥費的病人，就在藥方上附紙條上寫著「掛我的帳」，讓病人拿到藥房抓藥，幫病人負擔買藥的錢。有些病人甚至拿自己養的牲口付醫藥費，有一回，病人送了一頭羊，他父親不收，病人又不肯帶回家，只好收下來飼養，變成鄭崇華的寵物。

　　醫治病人不問身分地位，一視同仁；連在鄉里作惡多端，經常說父親壞話的七伯公生病，也細心治癒。鄭崇華曾不滿地說：「連壞人您也救?!」未料父親生氣地痛罵他一頓：「救人是醫生的天職。當醫生的只管救人，不管對象是誰，都要善盡職責，全力救治。」

　　父親盡職的精神，讓他深刻體會人生的價值。

　　後來，父親帶著他們一家人搬離外公家，在水吉廟後租屋開辦中醫診所。沒錢整修房子，自己細心粉刷布置，在柱子上貼著親手寫的對聯「勤儉是美德，知足是快樂，工作是幸福，懶惰是罪惡。」還有畫家朋友送的一幅畫，地上有一籠雞，天上飛著一隻鶴，自己加上「籠雞飽飼釜中烹，野鶴無糧天地寬」幾個字。

　　短短幾句話，看出他父親淡泊名利、勤儉樸實、樂觀積

極、知足常樂的態度。這些特性也深深影響鄭崇華，是他奉為一生做人處事的圭臬。

鄭崇華務實、儉樸，早年他都親自跑業務，每次出國都搭經濟艙；也習慣利用午餐時間，找主管一起用餐，邊吃飯邊討論公事。一整天全心投入工作，精力充沛。

打抱不平、富正義感的童年

從小，鄭崇華就看到世界的不公平。

住在水吉鄉下時，同學幾乎都是農家子弟，農忙時，天還沒亮，就跟著父母下田幫忙插秧、收割；上課時間快到了，擔心遲到，連腳都沒擦洗乾淨，就飛奔到學校。

他曾不解地問：「我的同學們為何這麼辛苦？」父親對他說：「他們（農民）是被剝削的。」父親開啟他的思辨能力，了解農民辛勤播種耕耘，但辛苦得來的成果卻被地主收走，忙了一輩子，只能求溫飽。

鄭崇華外公家族有一位排行第七的兄弟，也就是他的七伯公，是水吉縣議會議長，平常作威作福，甚至把配給的食鹽等管制物資囤積居奇，橫行鄉里的種種惡行，讓鄉民敢怒不敢言。

有一年發生乾旱，因天災農作物收成很差，佃農甚至連溫飽都成問題，根本交不出地租，外公體恤農民，同意不收佃農租金；但七伯公家的佃農則苦苦哀求，希望來年補交，甚至讓

妻女當幫傭抵租金，七伯公都不同意，竟然暴跳如雷，對佃農大吼，甚至拳打腳踢。

鄭崇華看到那一幕，義憤填膺，「我緊緊抓著拳頭，指甲都掐進肉裡。」事過境遷數十年，他仍餘恨難消地說。但當時年紀小，他也無可奈何。

從小就會為佃農打抱不平，是一個充滿正義感的人，創辦企業後就更寬容善待員工。

難忘汪老師，學習「信任」的第一堂課

福建水吉縣中心小學三到五年級的導師汪老師，是他記憶最深、影響他最早的老師。

汪老師是從江蘇到水吉教書的單身教師，把學生當成自己的孩子般關心、愛護。鄭崇華後來當上班長，經常有機會到老師宿舍，看到桌上總是擺著一大落待批改的作文簿或週記。認真的汪老師，總是一篇一篇用紅筆寫眉批。

有一次，老師望著桌上的簿本嘆道：「今晚恐怕不能睡了！」然後開玩笑地對鄭崇華說：「你幫我看週記好不好啊？」

鄭崇華好奇地問：「怎麼看？」

「除非你答應守口如瓶。」老師解釋道，有些同學會在週記上傾吐心中的苦悶或是家庭問題，老師看到後會私底下找同學聊或跟父母溝通，「但那些事情，絕對不能讓其他同學知道，

你真的能做得到，就讓你看週記。」

鄭崇華同意，並開始幫老師看週記，看過的，蓋上日期的印章，再寫個「閱」字。看到有特別問題的週記，就翻開來擺一旁，讓汪老師再看如何處理。

改過幾次週記後，有個同學問他：「這個閱字和你寫的好像喔！」鄭崇華愣了一下，心想：「難道被發現了?!」他機靈地建議老師，圖章加刻「閱」字。汪老師果真刻了另一個印章，讚許他想出的好主意。

當老師幫手一個多學期，他未曾透露同儕祕密，確實做到信守承諾，對一個十歲左右的孩子來說，相當難能可貴。

汪老師對他十足的信任，也讓他學到寶貴一堂課。出社會後，鄭崇華不論是當主管或當老闆，對部屬或員工，都能充分信任並授權，早年培養了許多得力助手並晉升為主管，成為奠定台達穩固基業的力量。

鄭崇華要升小學六年級時，因為不滿七伯公濫用權力，安插另一人擔任導師，使得汪老師被迫離職返鄉，和老師感情很好的他氣憤不已，放話「汪老師走我也走」，小小年紀就講義氣，要和老師同進退。

於是他便跑去報考初中，竟幸運錄取。但因跳過小學六年級，基礎課程未打好根柢，其他科目尚能應付，唯獨數學總是勉強及格。

在憂患中成長，戰戰兢兢踏穩每一步

升上初一的鄭崇華，對作文產生興趣，看到報紙上一篇文章〈貪汙銘〉，覺得頗有警示意味，希望能讓亂臣賊子懼。因他很喜歡外公家牆上掛的一幅〈陋室銘〉捲軸，仿效在捲軸寫上〈貪汙銘〉，掛在大門口柱子上。

未料，七伯公看到後勃然大怒，認為是在影射他，就破口大罵。鄭崇華忍無可忍，不知天高地厚一再出言頂撞，把七伯公過去做惡之事，全盤說出，而引爆一場家族風波，驚動外公外婆出面道歉。也因此次風波，父親帶著他們搬出李家。

具有強烈憂患意識的父親擔心他嫉惡如仇的個性，若繼續待在家鄉，恐會遭遇不測，因害怕失去兒子，就要求他跟隨三舅到福州求學，遠離家鄉。

臨行前，父親一再耳提面命，叮囑他：「一個人離鄉背井在外，不能再任性，即使看到不公不義的事情，也不要多嘴。」

一九四八年，即將升初二的鄭崇華跟著三舅到福州，但因中國內戰，原任教英文的福州英華中學停課，在福州待了幾個月，三舅找到在台中一中的英文教職，隔年初，他隨三舅遠渡重洋，到了台灣。因戰亂，和父母的音訊全斷。

他始終記得父親的告誡，行事低調，秉持沉默，也絕不談論政治。一年後，三舅另謀他職離開台中，留下他隻身在台灣

讀書，沒有依靠，擔心生活沒有著落，反而讓他專注在學業上，戰戰兢兢過日子。

每到放假時，看著同學們興高采烈回去溫暖的家，有父母照顧關愛，他在台灣舉目無親，寒暑假時住在空無一人的宿舍內，冬天宿舍沒有熱水，食堂不開伙，三餐必須自行解決，過著有一頓、沒一頓的生活。

生活刻苦，但心中的苦悶，沒有人可以傾吐，他經常一個人孤獨地坐在操場上，仰望著星空，思念故鄉的親人，靠自己挺過無數孤寂的夜晚。他變得更加沉默寡言。

這些成長經歷，讓他充滿危機意識。他經常跟員工耳提面命，要小心、要好好做，尤其在科技產業，趨勢瞬息萬變，一不小心，公司就很容易倒閉。他戰戰兢兢地經營事業，務實地踏穩每一個腳步，「小心駛得萬年船」，建立台達的永續基業。

早年經歷讓他懂得體諒基層

正因為早年吃過苦，鄭崇華對待員工不會看階級，全員一視同仁。例如，台達的清潔工歐巴桑把廁所洗得非常乾淨，有一次清掃完沒多久，就被弄得髒亂不堪，她著急地到辦公室抱怨。卻有員工回應：「這是你該做的事！」

鄭崇華聽到後，當場把員工訓了一頓說：「維護清潔是大家的責任，假如她（清潔）做得不好，你可以提出異議，要求她

改善。」

　　他認為，「人與人之間相處需要彼此尊重，公司有不同階層，不論什麼工作或位階，只要把事情做得好，就要感謝對方。」這就是一視同仁、互相尊重的台達文化。

　　台達工廠設有員工餐廳，有一次，鄭崇華開完會，早已過了晚餐時間，節儉惜食的他，走進餐廳隨意拿些剩菜拌著白飯果腹。員工見狀，悄悄請歐巴桑煮一碗青菜豆腐湯，為老闆加點菜。但當熱湯端上桌後，他反而把那位同仁叫過來開導：「她已經下班了，不應該要求她做額外的工作。」以身作則，即便是老闆也沒有特權。

　　他是不擺架子的老闆，更能體諒基層人員的辛勞。「歐巴桑要回去了嗎？來搭我的便車。」由於工廠距離公車站牌稍遠，搭公車要步行約二十分鐘，下班時若剛好遇到廚工，他就會熱情地詢問。只是面對如此隨和的老闆，員工也有不小的壓力，「如果坐後座，好像把老闆當司機，太不禮貌。如果坐前座，又不知道該說什麼，手也不知道要放哪裡，實在很尷尬。」一九七四年就進入台達擔任廚工的陳碧英，在內部刊物憶及這段搭便車的往事。

　　後來工廠搬到桃園，有些員工家住新莊，他體恤員工辛苦通勤，讓公司買一部客貨兩用車，由專人接送員工上下班。

視員工如同家人

鄭崇華向來很賣力工作，尤其創業維艱，當時擔任大同公司主管的周友義了解他「唯一的興趣就是工作」。在台達創立之初，周友義曾接到鄭太太謝逸英的電話，要他勸勸鄭崇華不要太晚下班，以免影響同事也太晚下班。

老闆熱愛工作，親手帶領的元老級員工更不遑多讓。創始元老之一的許美華負責做樣品，為爭取時效比別人更早送出樣品，經常加班，常常連續一個月沒休假。有一天他突然對她說：「星期天放假，好好休息出去走走。」她心裡納悶著。

直到有一天，她在大同碰到周友義，周友義對著她說：「你天天被綁在公司，什麼時候嫁人？」「我跟鄭先生提過，不能把全部的時間綁在公司，許美華嫁不出去怎麼辦！」

原來周友義見台達員工全心投入工作，曾提醒過鄭崇華。鄭崇華擔心員工錯過了姻緣，開始關心員工的終身大事，請同事幫忙找對象，鼓勵她們假日參與活動，後來，許多新進員工也是拚命工作，到了適婚年齡而耽誤終身大事，「鄭先生每次到工廠時，總會要求許美華、孫秀鸞，幫待字閨中的女同事物色理想對象，後來總算一個一個都嫁出去。」一九七七年加入台達的甘憶梅曾回憶當年，許多女同事因此覓得良緣。

「鄭先生和鄭太太都把員工當成家人。」台達老員工幾乎都

如此認同。因為視如「家人」，員工家裡有婚喪喜慶他都會到場致意，同仁訂婚、結婚他甚至全程參加。

每年三月，台達退休員工定期舉行餐敘，每年最少都有五、六桌人同聚一堂，這些服務超過二、三十年的老員工，有些甚至特地從海外回台灣參加活動。鄭崇華得知這項別具意義的聚會，就嚷嚷著也要參加，從第三年加入後，每年必定撥空參加，除了吃飯、聊天，他總是不忘感謝員工的付出。有些創始元老，還會安排一日遊，鄭崇華和太太也都會隨行出遊，情感融洽形同家人。

生性節儉，但鄭崇華對員工就像家人一樣很大方。許美華記得，她結婚時，鄭先生送了一整套要價不菲的電器用品。另一位同事許仁慈當初結婚時，也同樣收到鄭先生的大禮。

實施員工分紅的先驅

為了改善員工生活，安心工作，台達在一九八○年代初期就實施員工分紅制度，是台灣員工分紅的先驅之一。

十九歲加入台達的許榮源，住在單身宿舍內，吃住都由公司提供，賺的錢大都寄回老家貼補家用，因沒有積蓄，買不起房子而不敢結婚。鄭崇華得知後，回想自己剛當完兵就結婚，沒有經濟基礎，結婚時訂製的西裝還是分期付款，深知年輕人阮囊羞澀的困窘。

　　他請同事孫秀鸞和陳穗麗幫許榮源找房子，也想到幫員工成家圓夢的方法。鄭崇華找來許榮源，「他拿出一張會計報表，分析公司營運情況，一年賺多少錢，一股配多少，提撥多少錢給員工分紅……。一項一項算給我看。」「購屋自備款他先幫我繳，以後每年再由員工分紅逐年攤還，我只要每個月繳貸款。」許榮源談到三十幾年前，鄭崇華大方地提供分紅，幫助員工成家置產的往事，無限感恩。

　　資誠會計師事務所前所長賴春田曾讚譽「台達精神」，對員工照顧，有如兄長對子弟般提攜、督促、關懷、培養、訓練，讓員工跟著公司成長，堪稱台灣企業典範。「員工入股是台達上市前的傑作，台達對專業的尊重，長期規劃，使上市和海外業務的推動都十分順利。」

　　從點點滴滴看出，他是一位體恤員工、沒有架子的好老闆，如太陽般暖心、溫煦，像大家長般照顧台達員工，公司就像大家庭，讓員工安心立業、成家，也促成許多對在台達服務的夫妻檔，很多員工從一而終，年資超過三、四十年的，比比皆是。

推己及人，關心員工身心

　　鄭崇華青少年階段經常為生活所困，但艱辛、磨練反而成為養分，滋長生命，化作一股力量。

　　「活不下去的日子，我都經歷過了，還不是活得好好的，這點困難又算什麼？」每當碰到難關時，鄭崇華總是自我激勵，「如果沒有那段痛苦的時光，我創業不會成功。」鄭崇華回首往昔，如此解讀生活困頓對他一生的影響。

　　親身體驗過隻身在外的生活，創業後，他能推己及人，對待員工如父兄家人，是一位關心員工、務實的老闆。

　　早年，台達單身和來自外地的員工，公司會提供吃住。例如在桃園、新莊的工廠附設宿舍，每間寢室有一位「室長」，照顧室友，協助解決生活上的問題，例如，關照新進室友，介紹宿舍環境如餐廳、廁所、浴室的位置……，以及生活起居各種需求和服務；公司則提供室長些許獎金，做為獎勵。

　　在工作上，有領班帶領作業員實務操作，但有些領班工作表現佳，但較內向，遇到同事不知道如何互動，也不會照顧新人，因此組成「領班訓練班」，由五或十位領班輪流上陣扮演領班和作業員，透過模擬演練，相互觀摩，例如，一位新人報到時，領班如何應對、如何交代任務等，以學習如何做好領班的職責。

　　不僅著重在工作上，他也要求訓練幹部用心、關心同事。「看到身邊的哪個同事好像怪怪的，要去了解、關心他是否生活面臨壓力，還是工作遇到瓶頸。」他像一位大家長，總讓員工確實感受到像家人般的溫暖。

在台達各廠區也設有輔導室，有專業的心理輔導專員提供諮商輔導。

在本書採訪過程中，有一段時間台灣頻傳校園或社會人士跳樓自殺事件，鄭崇華憂心忡忡，語重心長地說：「對身邊的朋友、同學要多一點關心，如果發現任何人有異狀，可以找『張老師』這些專業機構協助；或找好朋友陪伴他，跟他聊天。」

他語氣溫柔地說著，眼中充滿關愛和不捨，彷彿看著自己十六、七歲時，在台中一中校園一角，孤單無助的身影。

如今他有一點點能力時，希望能伸出雙手，拉一把需要幫助的人。期許透過自身的體驗，讓更多人了解人生的價值。

鄭崇華的經營心法:

- 成長於憂患,讓鄭崇華很有危機意識,他始終記得父親的告誡:行事低調,秉持沉默。科技產業瞬息萬變,他以「小心駛得萬年船」的謹慎心態,戰戰兢兢建立台達的基業。

- 信守承諾、充分信任並授權部屬或員工,是鄭崇華早年學到的寶貴心得,讓他培養了許多得力助手,成為奠定台達的穩定力量。

- 公司若能像個大家庭,照顧到員工的身心需求,讓他們能安心立業、成家,就能創造一個正向的職場環境,使公司能無後顧之憂的迎接挑戰。

03 勤學習，練就慎思明辨

——實事求是，鍛鍊職場基本功

十三歲之後，隻身在台灣求學時期，有幸遇到多位好老師特別關懷、照顧，啟發他對學習的熱情和鑽研精神。出社會之後，這些經驗啟發他成為一位「老師」，自助助人，更是一生受用無窮。

一九四九年初，三舅取得台中一中的英文教職，順道帶著鄭崇華來台灣，於是，十三歲的他開始就讀台中一中初中部二年級春季班。

台中一中遇良師，點燃對數理的興趣

原本他苦於數學成績不理想，曾稟告父親，認為數理非他所長，心想以後大概跟數理工科無緣。幸運的是，台中一中有相當好的師資，他遇到教代數的汪煥庭和幾何的嚴僑兩位老師，讓他對數理的學習態度完全改觀。

「汪老師很嚴格，經常考試，我怕不及格。」他說，如果成績不好，領不到獎學金，生活費就成了問題，因為具有危機

感，上課時，他就更用心聽講，漸漸覺得並不難而且產生了興趣。

因跳級考上初中，鄭崇華個子比同學來得矮小，座位總是在第一排；有一次小考，他竟然考了一百分，汪老師笑著摸摸他的頭，讓他信心大增。如果考不到八十分，老師也會和顏悅色地對他說：「你怎麼失常了。」

在汪老師關懷備至、循循善誘下，他的數學成績不斷攀升，也熱愛數學，甚至把八十分訂為數學成績的最低標準。

另外一位啟發他的良師，是教幾何的嚴僑。嚴僑系出名門，是《演化論》翻譯家嚴復的長孫。嚴復是中國近代啟蒙思想家，曾任復旦大學校長。

即使是快七十年前的事，鄭崇華到今天還能清楚地描述嚴僑第一天上課時的開場白：「我今天來教幾何，你們一定會問，我學了幹什麼用？……幾何是非常有用的工具。」

鄭崇華回憶：「嚴老師以『如何測量台中一中操場上的旗杆有多長』為例，只要給你一只皮尺，你並不需要真的爬上旗杆去尺量，就可以知道旗杆有多高。拿一根棍子在有太陽時垂直立在地上，將它的影子的長度除以棍子的長度，用旗杆的影子同樣的比例，就可知道旗杆的高度……。」

諸如此類的例子，使得鄭崇華很容易就能吸收理解，讓數學扎下更深的根基。

來自大學化學老師的啟發

十三歲跟著三舅到台中一中求學，高一時三舅離開，鄭崇華想方設法自力更生，幸好學校提供打工機會，像是擔任伙食委員可不用繳伙食費，另外也寫鋼板字、油印講義，忙著賺錢養活自己。儘管當時連大學學費都不知道從哪裡來，加上自忖成績不是太好，為了能考上大學，他決定選填冷門的礦冶系，先求錄取機會。

一九五五年，他考上唯一的志願——位於台南的台灣省立工學院（成大前身）礦冶工程學系，當時他對電機很感興趣，未來的出路選擇也較寬廣，在大二時，順利轉到電機系。

但當初為求順利錄取而先考礦冶系的決定，讓鄭崇華因緣際會遇到一位改變他一生的好老師——賴再得。

賴再得是省立台南工業專科學校（後升格為省立工學院）畢業，因成績特優，且是第一位獲省立工學院聘任的台籍老師。後來成大與美國普渡大學合作，他被任用為普渡大學碩士班教授。

當時他是化工系的化學老師，講課內容豐富，由淺入深，讓學生建立清楚的觀念，而不是要學生死背化學方程式。

雖然賴再得是化學老師，從他那裡鄭崇華學到了許多物理、化學及數學的觀念；他也常分享科學家的故事，讓鄭崇華

印象深刻，引起學習興趣，連生病都要去聽課。

有一次，賴再得發下一份好幾頁的考卷後說：「同學們不要在意，只是看看你們能考多少分。」

下一次上課時，賴再得突然對著全班說：「鄭崇華你給我站起來！」他正納悶著不知發生什麼事情，賴老師接著說：「我想看看你長什麼樣子！你怎能考這麼高分 ?!」

原來許多同學的分數都很低，鄭崇華竟考了 88 分。賴老師這才透露，那是美國普渡大學碩士生畢業考的試卷。原來，成大和普渡大學合作教學研究，賴再得獲派到普渡大學教學，當時剛回到成大化工系開化學課。

鄭崇華記得，有一次，賴老師寫了一個化學方程式，發現錯誤後立刻對學生說：「這是非常嚴重的錯誤，務必要把錯誤從你們腦袋裡洗掉。」然後解釋錯誤何在。

「這才是學者精神！」鄭崇華對賴再得勇於認錯的精神敬佩不已。他以此期勉台達主管，發現錯誤要立即認錯更正，才能防微杜漸。

深入淺出，思考啟迪活用

因為賴再得講課容易觸發思路，鄭崇華一想到相關的問題就會立刻發問，怕下課後忘記。賴老師都很認真地回答，即使偶爾未當場解答，也會對他說：「你怎麼會想到這問題？好問

題！下次上課細說討論。」

受到賴再得的教學啟發，鄭崇華明瞭，一個好老師會深入淺出地講解，讓學生專心吸收知識，理解觀念，開啟研究的興趣，真是功德無量。

讀大一時，他很認真準備轉系，在賴老師的啟發下，花了很多時間在物理、化學、微積分等基礎科目，學習成績還不錯，那一年礦冶系有兩班，有兩位學生成功轉電機系，他就是其中之一。

深受賴再得的啟發，鄭崇華步入社會後，有機會參觀工廠，看到機器設備運作情況，把過去課堂上學到的基本物理原理及知識，和實務連結，讓他的工作更順利。

早年，鄭崇華到大陸應邀參觀一處鰻魚養殖場。養殖池中水車轆轆不停地轉著，循環打著水花。導覽者突然問道：「你們看，水車板子上還有一片東西，台灣沒有的，你們知道那是什麼嗎？」

鄭崇華毫不遲疑地說：「那是磁鐵。」一旁友人很訝異：「鄭先生你怎麼反應這麼快？怎麼會知道?!」「賴老師告訴我的。」他微笑地回應。「為什麼要放磁鐵？」對方又問。「磁鐵會吸附氧氣。」他答道。由於磁鐵會吸附氧氣，打入水中後，讓池子裡的水有更多的氧氣，鰻魚也會生長得更好。

原來大一時賴再得教氮氣和氧氣時，提到氣體液化溫度不

同，可以降低溫度把空氣液化，藉由液化溫度差異把氮和氧分開。賴老師曾問大家：「假如這裡有一桶液態氮和一桶液態氧，都是無色無味，如何分辨何者是氮？何者是氧？」同學們都不知如何回答。賴老師說：「只要拿一個磁鐵吊在繩子上，放進去再拿出來，什麼都沒有的那桶就是氮，磁鐵上面有一大堆東西的，就是氧；因氧分子有雙極性，液態氧就會吸附在磁鐵上。」

「從來沒有一個老師像賴老師課講得這麼好。」他至今仍感念再三，即便經過數十年，他仍清楚記得磁鐵的作用，能靈活地快速反應出來。當年賴老師在課堂上所舉的實例，不計其數，都烙印在他的腦海中，往後在工作上遇到技術問題時，他都能舉一反三，活用許多理論在實務上。

從講師到應試官

賴老師的教學方式，啟發他如何成為一位「老師」。在他出社會的第一份工作上，更是受用無窮。

一九六一年，鄭崇華服完兵役後，報考亞洲航空。亞航僅錄取六名新員工，他幸運地找到出社會的第一份工作。亞航是外商，起薪高，他清楚地記得當時月薪 2,199 元，加上加班費可以拿到 3,000 元左右，比起一般公司的 600 元、800 元，亞航的待遇是三倍薪資水準，讓他的生活和經濟能力大幅改觀。

他進入亞航後，在儀表部門工作。主管發現，當他講解儀

器構造時，很容易讓人聽得懂，因此，訓練部門為高階主管或技術人員安排培訓課程時，便邀請他上課講解基本電學。當時他只是二十多歲初出社會的年輕人，是大學畢業生，另一堂機械課程，授課講師則是機械博士。

受訓是利用下班後時間自願報名參加，沒有教課經驗的他，仿效賴再得的教課方法，沒想到大家踴躍上課，且很用心聽課。

學員都沒有電學基礎，為了檢視大家是否聽懂，他講了一段章節，做一個小考，考完公布答案，他對學員說：「假如答錯，並不是你們不好，而是我講得不好，我會對答錯的部分用不同角度再講，講到你們了解為止。」

鄭崇華初試啼聲，教課成果引起訓練部門主管注意，又請他幫忙出考題招考員工。除了筆試，還有實作，上午舉行筆試，成績最優異的前幾名，將獲得參加下午實作考試的機會。

為了用最快的方式得到筆試成績，他仿用托福考試方法，將選擇題答案寫在固定位置上，用透明板將正確的答案寫在相對應位置，改考卷時，把透明板放在答案紙上面，對錯一看便知，不需花很多人力和時間批改考卷。

下午的實作考試，則考驗應試者對工具使用的熟練和細心，因為優秀的考生頭腦清楚，卻未必懂得實務，在拆裝儀器設備時，必須能按部就班，把零件一個個拆裝整理出來。

用員工聽得懂的話，講解製程

亞航的教學經驗，讓他學會艱深的技術「要講得讓人聽得懂」，除了必須先花時間做足準備，更要從對方的角度「讓他聽懂」為出發點。

這些經驗，對他創業幫助頗大，他教育員工製程時，會清楚地解說，讓員工確實了解正確做法才行。

例如，早年台達做電視線圈加工，是人力密集的產業，品質及效率高的，台達給的獎金高，有些人為求快，不太會注意細節，鄭崇華就會跟員工說：「如果你買一個知名品牌的彩色電視，花了不少錢，天氣一冷裡面的線會收縮，如果線頭太緊，冷天會斷，電視就沒有畫面。你生氣不生氣？」

「如果你拿電視去修理，人家拆開來一看，這是台達的線圈，以後我們就做不成生意了。」「所以這個線頭接到端子不能太緊，太緊的話，天氣一冷，線會收縮，就容易斷掉，電視就沒有畫面了。」這樣一講，員工就明白何以線的末端接到端子處不能有張力。

他說：「要尊重員工，要用員工聽得懂的話，去要求品質規範，解釋製程『為什麼要這樣、為什麼不能那樣』，員工都能聽得進去，資深員工可以一個教一個，就能維持一定的技術品質。」

以實事求是的態度，面對問題，達到最大的效益，是他一貫的處事態度，奠定了台達創建穩固的基業。

鄭崇華的經營心法：

● 勇於認錯的精神值得敬佩，發現錯誤就立即認錯更正，才能防微杜漸。

● 要懂得尊重員工，用員工聽得懂的話，去要求品質規範，讓員工能聽得進去，就能維持一定的技術品質。

04 翻轉學習，教育可以不一樣

——開創磨課師公益平台，幫學子找好老師

　　正因為走過困苦，鄭崇華有幸遇到許多生命中的好老師，發揮正面的影響，讓他專心努力向學，得以翻轉人生。也因此，他深知教育的重要。在當今技職教育式微下，鄭崇華落實為學子找「好老師」的初心，以「台達磨課師」為平台，透過網路教學，打破知識藩籬，創造亮點，讓人看到：教育真的可以不一樣。

　　二○一五年三月一日，「台達磨課師」（DeltaMOOCx）正式開課。

　　這是華文網路世界第一個以大學自動化學程與高中和高工基礎自然學科課程為主的「磨課師」，以公益出發，提升技職教育競爭力的網路線上學校（平台），被視為翻轉教室、翻轉教育，點亮台灣高中／高工職學子基礎自然學科的一盞明燈。

　　自開課以來，台達磨課師已吸引上千萬人次點閱學習，創造如此強大影響力的幕後推手，就是鄭崇華。

設「磨課師」，翻轉教育的企業先鋒

MOOCs（Massive Open Online Courses），中文名稱是大規模開放式線上課程，台灣直接音譯為「磨課師」。二〇〇六年成立的可汗學院，成為全球網路教學的濫觴，也帶動 MOOCs 概念的興起。

二〇一一年，史丹佛大學兩位教授在網路上開設「人工智慧導論」，吸引全球 16 萬名學生註冊，讓大規模學生免費修課。隔年，吸引更多學術單位跟進，MOOCs 成為網路化時代線上學習的風潮，二〇一二年，紐約時報稱之為「MOOCs 元年」。那一年，美國史丹佛大學、麻省理工學院（MIT）和哈佛大學等校教授，分別成立 Coursera、Udacity 和 edX 等 MOOCs 平台，號召各校名師把課程錄影放在網路上，開放給所有人免費學習。

鄭崇華和 MOOCs 先驅之一的 MIT 淵源頗深。

三十多年前，前理律律師事務所主持人徐小波，因緣際會和 MIT 史隆管理學院院長梭羅教授（Lester C. Thurow）相遇，兩人深信，亞太區域經濟以及華人經濟體，將在全球經濟發展潮流中扮演舉足輕重的角色，便決定共同邀集台灣各產業的企業家，籌設「策略發展基金會」，以建立管理和科技創新的長期合作關係。

在此機緣下，一九九一年三月，「時代基金會」正式對外宣布成立時，台達電子即是贊助投資的會員企業之一，鄭崇華因此曾擔任時代基金會的董事長。

而一九九七年，時代基金會和 MIT 的「電腦科學暨人工智慧實驗室（CSAIL）」共同在台北舉辦「新資訊世界研討會」，MIT 電機資訊學系教授舒維都（Dr. Victor W. Zue），和鄭崇華第一次見面，因此促成 CSAIL 和台達進行一項產學合作研究計畫。

舒維都後來被鄭崇華延攬成為台達電子的顧問，雙方維持相當密切的關係，曾和他分享這股網路學習新風潮。

靠線上學習，蒙古少年被 MIT 錄取

MIT 校長萊夫（L. Rafael Reif）在二〇一三年十一月底來台訪問，臨走那天在旅館與鄭崇華一起早餐，侃侃而談 MOOCs 的趨勢。

二〇一四年年初，CSAIL 和時代基金會共同主辦一場大型開放式線上課程（MOOCs）「改變學習、翻轉教育」的專題論壇，由全球知名線上教育組織 edX 創辦人 Anant Agarwal 和舒維都等多位知名教授，和台灣產、官、學界領袖深入對談。

向來對新事物非常感興趣的鄭崇華，對於這種沒有距離、沒有門檻、沒有時間限制的網路學習模式，大為讚嘆。無數知

名大學教授願意開放課程，讓廣大民眾和學子接受菁英式教育的無私精神，也令他感佩。

真正讓鄭崇華起心動念，投入 MOOCs 行列，則是舒維都和台達高階主管做簡報，分享磨課師的資訊和線上課程趨勢時，提到一位蒙古學生驚人的學習成果。

故事發生在蒙古首都烏蘭巴托市，一個十五歲的天才少年巴圖詩蒙‧延甘巴亞，在校長的鼓勵下，和同學一起觀看 MIT 的 edX 線上「電路與電子學」課程，這門課全球同時有 15 萬名學生修習，是 MIT 第一堂 MOOCs 上線的課程。

由於巴圖詩蒙在課程中學習表現非常出色，不僅考試成績滿分，在課堂上發問的問題，也令老師驚艷，他發表的車庫警報器的實作成果，讓 MIT 教授印象深刻，因而被破格錄取，並獲得獎學金資助。他不僅成為 MIT 的學生，也受雇成為 edX 的工作人員，協助 edX 平台提供高中生更好的服務。

聽到這個故事，鄭崇華感動不已。

「這樣的課程，才真的是翻轉式的教育。」他嘆服道，科技的進步，讓網路資源分享沒有國界，透過網路教學，縮短了貧富差距和知識的藩籬，距離已不是問題，線上「教、學」是未來教育的新趨勢。

翻轉學習，先找到好老師

他心中揣思：「如果線上學習可以幫助更多的孩子，尤其是偏鄉、弱勢的學生，就更具教育意義。」

從未出國深造，鄭崇華卻榮獲清華大學、中央大學、成功大學、台灣科技大學、台北科技大學、交通大學、亞洲大學、香港城市大學、台北醫學大學、陽明大學、台灣大學等共 11 所大學，頒贈名譽工學博士或榮譽博士等殊榮，他自謙地說：「我並不是聰明的人，有幸在求學過程中，碰到一些好老師，激發我的學習熱情。」

但很多學生上課時，常會問：「為何要學這麼枯燥的學問？不知道學了有什麼用？」過去填鴨式的教學，讓學生覺得學習是被逼著要考試、要考好成績而死記死背，而喪失學習興趣。

他每到學校去演講時，就會跟老師們說：「不能把成績不好的班級稱為『放牛班』，這會讓學生沒有信心。」他以自身的經歷為例說：「每個人只要被鼓勵，都會做得比原來還好。」

鄭崇華以過去受到賴再得等多位老師啟發的經驗，想到要解決這個問題的癥結，首先要找到好老師，啟發、灌輸觀念，讓學生產生興趣。

一個好老師，可以影響學生的一生，「老師如果能把知識講解得很生動、活潑，易於理解，學生就會開始思考、提問，

進而產生想法。」他說：「翻轉學習，才是真正的教育改革。」

　　他深刻體會，教育是一切的根本，教育可以改變下一代，希望能讓更多好老師發揮影響力，啟迪學生熱愛學習。

　　然而體制內的改革不容易，而且好老師在課堂上能教的學生畢竟非常有限，他發現透過 MOOCs 可以找到很多好老師，也能造福成千上萬的學生，他深信，「世界上有很多孩子，假如運氣好碰到好老師，也會變成很棒的人。」向來堅持「對的事情就要去做」，鄭崇華義無反顧地決定在台灣落實 MOOCs 的理念和構想，做翻轉台灣教育的企業先鋒。

　　但 MOOCs 概念新潮，要怎麼做？如何建立平台？如何找到好老師？對他和台達都是全新的嘗試，於是責成台達文教基金會深入研究。

　　另方面，產業和教育體系領域畢竟大不相同，必須要由具有教育背景的專業人士來規劃、領導。但要找誰來做？鄭崇華一一盤點在教育界的人脈名單。很快地，人選就呼之而出。

聘請彭宗平擔綱計畫主持人

　　人才培育是台灣教育的根本，二〇一二年教育部全面檢視台灣人才培育問題，擘劃台灣未來人才培育藍圖，以培育具國際競爭力的人才，在當年七月成立「人才培育白皮書指導會」，由二十餘位學者專家組成，並以中央研究院院士劉兆

漢、前教育部長曾志朗，以及產業界的宏碁電腦董事長施振榮等人擔任共同召集人。

　　而當年被台達電子延聘為獨立董事的彭宗平，則被教育部遴選為指導會委員兼執行長。指導會則分成國民基本教育組、大學教育組、技術職業教育組、國際化及全球人才布局組等四大組；當時，指導會委員之一的鄭崇華是產業界代表，同時擔任技職教育分組召集人。

　　因此，當鄭崇華有了設立 MOOCs 平台的念頭時，馬上就想到指導會執行長彭宗平。彭宗平是清華大學講座教授，曾任元智大學校長、清華大學教務長，不僅有深厚的教學資歷，也有相當豐富的高等教育行政經驗。

　　當他向彭宗平提出創建 MOOCs 平台的想法和理念時，深獲認同，彭宗平欣然同意接下台達磨課師計畫主持人的重任。

　　翻閱二〇一三年教育部人才培育指導會完成的《教育部人才培育白皮書》專案報告，即明白揭示對技職人才培育的重點，包括：「促進產學共構系（科）專業核心能力，並轉化成課程與教材，培育學生具備職場所需能力」、「豐富技職教育學習資源，提供技專校院學生處處是教室、時時可學習的環境，讓技職學生學習二十四小時不中斷」。

　　這兩段文字，無疑提前為台達磨課師清楚地描繪出願景。當時，彭宗平則建議，台達磨課師應聚焦在資源相對較少的基

礎科學和技職教育領域。

教育向下扎根的構想，也正符合鄭崇華建構 MOOCs 的理念。

台達早年創業時，一半以上主管都是技職學校出身，畢業自專科或技術學院體系，從基層一步一步往上積累、培植，例如，現任台達電子總裁暨營運長張訓海自正修工專（正修科技大學前身）電機科畢業；能源基礎設施暨工業解決方案事業群總經理張建中，畢業自台北工專（台北科技大學前身）電機工程系；高雄工專機械科系畢業的乾坤科技董事長劉春條；創始元老之一的許美華甚至僅中學畢業，這些菁英幾乎是撐起事業基礎的功臣。

縮短學用落差，加速進入工業 4.0

為掌握工業 4.0，因應自動化生產的趨勢，促成 DeltaMOOCx 以雙箭頭課程，鎖定科技大學和高中工職自然組兩大領域的科學及技術專業課程為主軸。

科技大學主攻自動化學程，以迎接全面電腦化，為智能化的工業 4.0 時代做準備。高中工職則鎖定基礎科學學科，包括電機電子、物理、化學、數學、生物、地球科學等等，課程影響力相當廣泛。

初期，台達磨課師和台北科技大學、台灣科技大學及雲林

科技大學等三校合作，台達不僅參與課程規劃，還捐贈自動化實驗室，讓三校能運用業界最新設備教學，縮短學用落差，加速推動台灣進入工業 4.0 時代。

鄭崇華借重彭宗平的專業，不僅在課程規劃、平台上線，連老師的挑選也很用心。

鄭崇華一再重申「生命中的好老師」改變他一生，他念茲在茲，要求彭宗平「一定要幫我挑好老師，讓這些好老師能夠帶領學生，發揮最大的影響。」這就是台達磨課師平台的使命。

好老師是**翻轉教學**最大的關鍵，因此師資與教學品質，是 DeltaMOOCx 把關最嚴的一環。特別的是，不同於國內外的磨課師平台，台達磨課師平台還包括製作和經營課程的團隊。

台達磨課師的高中／高工課程和國教署及國教院合作，由國教署層層把關，推薦學科中心老師，或由同儕推薦好老師群，有上百位一流的名師執教，精心設計教學內容和教案。

課程內容則在愛爾達電視台的專業棚內拍攝，老師用心構想的創意，也可以透過專業精細的電腦動畫完成，節目製播高規格、HD 高畫質影像，提供最好的免費線上課程。

為提高學生學習的專注度，每一個單元課程設定在 10 分鐘到 15 分鐘左右，由老師和學生互動、解題。

但要在有限時間內清楚說明一個觀念，則是授課老師們最大的挑戰。在錄製課程影片前，不僅要花時間寫腳本，還要反

覆推敲講課的順序，輔助的投影片資料，甚至使用的語詞、語調也要留意，為讓錄製過程順利完成，備課的時間可能要比平常上課多兩三倍以上。比起傳統實體課程，名副其實「磨課」。

培養未來人才，創造九倍社會投資報酬率

至於錄製完成的影片，還要經由國教院專家審查，確認內容正確無誤且淺顯易懂，才會上線，以確保教學課程品質，讓第一線的教師能放心使用。

拍攝錄製後的影片，除了開課階段在磨課師平台播放，也和國家教育研究院的愛學網合作，近幾年課程影片則上傳到YouTube 平台，全國學生或社會成人都可上線學習。

教育，不再限於一個老師教一班學生的模式，MOOCs 不僅跨文化、跨國界，只要願意學習，任何人都可以免費取得資源，找到天賦激發共同學習的成效。

過去在實體課程，老師上課內容講的一樣，但是，各個學生學習步調不一，有人聽一次就能融會貫通，有人聽到新觀念可能要思考很久，等想通了之後，老師早已快速進到下一章節，又遺漏了重要的觀念，永遠跟不上進度。

但 MOOCs 不同，線上課程學習時間不限，影片可以依照個人適合的時間和喜好的速度調整，可以快轉、暫停、反覆回放，直到聽懂為止。若遇到有疑問的地方，可以記錄問題，透

過線上提出問題，也可以參與討論，完全符合學生學習特性的學習方式，為學生「客製化」的教學模式，也是 MOOCs 最大的優勢。

幾年來，台達持續挹注資金。根據台達文教基金會二〇一九年針對台達磨課師平台的社會投資報酬率（SROI）評估，平均每投入 1 元，可以創造逾 9 元的社會價值和影響力，等於是九倍的社會投資報酬率，顯見投入教育公益是非常好的一項投資。

計畫主持人彭宗平非常欽佩鄭崇華的遠見和支持，讓 DeltaMOOCx 建立品牌特色，在全球磨課師版圖上深耕，已見成效。

在技職教育式微下，鄭崇華落實為學子找「好老師」的初心，無私地為國家培育優秀的「未來人才」，以 DeltaMOOCx 翻轉教育，創造亮點，影響力無遠弗屆。

鄭崇華的經營心法：

- 一個好老師，可以影響學生的一生。鄭崇華深刻體會：教育是一切的根本，若讓更多好老師發揮影響力，啟迪學生熱愛學習，就可以翻轉孩子的人生。

- 「不能把成績不好的班級稱為『放牛班』，這會讓學生沒有信心。每個人只要被鼓勵，都會做得比原來還好。」

- 以二〇一九年台達磨課師平台的社會投資報酬率（SROI）來看，平均每投入 1 元，可以創造逾 9 元的社會價值和影響力，顯見投入教育公益是非常好的一項投資。

- 教育，不再限於一個老師教一班學生的模式，MOOCs 不僅跨文化、跨國界，只要願意學習，任何人都可以免費取得資源，激發共同學習的成效。

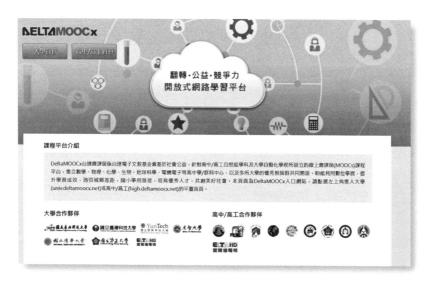

「台達磨課師」（DeltaMOOCx）以公益出發，是提升技職教育競爭力、點亮台灣高中高工職學子基礎自然學科的一盞明燈。成立以來，已吸引上千萬人次點閱學習。

DeltaMOOCx　　鄭崇華談翻轉學習

Part II

務實

——深植於創業 DNA

從台達創立開始，鄭崇華就堅持落實品質管理的態度，獲得客戶信賴。而從產品設計之初，就考量合適的選擇及製程，做出具有競爭力的產品，是台達成功的關鍵。

在正確的時間做正確的事，把事情做對。這是鄭崇華對自己、對同仁的要求。決策快速、目標精準，快速的決斷力、行動力，加上人人全力以赴，是台達能掌握機先，成功致勝的要素。

05 意外的創業
——好運與天意的交會

一九七〇年代初期，台灣工業快速發展，當時的國內廠商，仍欠缺零組件設計、製造技術和品質管控等能力。經常幫同仁或客戶解決疑難雜症、救急的鄭崇華，無意中竟也幫助自己走過創業初期的難關……

時間回溯到一九七一年初，一個週日的上午。鄭崇華當時在美商精密電子公司（TRW）擔任品管部經理，平常有交通車接送上下班，當天放假日，他騎著腳踏車到公司，了解假日工廠加班的情況。

從新莊的住家往樹林的路上，路旁電線桿一張「工廠出租」的小廣告，吸引了他的目光，於是他順著指示彎進小路，一棟兩層樓的廠房出現在眼前，因屋主急著出國留學，當下兩人相談後，屋主了解到鄭崇華是個可靠的人，在免收押金、租金合理、房屋格局正適合設置產線等條件下，鄭崇華當場就決定租了下來，也因緣際會地走上創業之路。一九七一年四月四日台達電子於焉誕生。

台達的第一個客戶——大同公司

鄭崇華在美商 TRW 工作五年，一九六六年剛報到不久，就被派至美國受訓，他堅持要求到生產線實習，吸取管理生產線的經驗，也主動要求到工程部實習設計產品、工業工程部制訂標準工時等，學習態度積極。

受訓結束回到台灣後，他歷練過 TRW 生產部、工程部，也協助開發本地供應商，最後兩年調升品管部經理，負責建立品管制度，對他往後的管理工作和創業幫助非常大。

有一段時間，TRW 訂單不穩定，為了減少 lay off，建議公司賣產品給本地公司，就找了大同，很快拿到訂單，而鄭崇華正是負責接洽的成員之一。後來，TRW 覺得大同的量太小，決定不接受訂單。這件事，讓鄭崇華心裡一直感到虧欠大同。

一九七〇年代初期，台灣工業快速發展，當時電視機、收音機外銷量已超過百萬台，主要是外商公司在台設廠生產後外銷。後來，大同、聲寶等台灣廠商開始生產電視機，則以內銷為主。

進入 TRW 時，因被公司派至美國受訓，必須要最少服務五年，在公司工作，總經理對他很好，工作尚稱順利。讓他最不愉快的就是——時常 lay off 工人，美國工程部也沒有繼續開發新產品，後來他慢慢了解，TRW 只是把美國的舊工廠買下，

到台灣沒有長期打算，一開始是 lay off 工人，後來連薪水高的也開始。有次還趁台灣總經理休假時，直接從美國派人來 lay off，連他辛苦訓練的兩名優秀幹部都被裁掉。可是，等到訂單變多了，公司又得重新找人，其實更不划算，他對此相當反感。

那個年代，國內電視廠商是從日本進口全套零組件，派員到日本學習裝配、調整和測試技術，欠缺零組件設計能力。例如大同的電視機，就是承接東芝（Toshiba）在日本已經下市的機種，再拿到台灣重新設計、製造跟販售。

因為 TRW 拒絕接受大同訂單，鄭崇華正好到大同道歉並告知大同經理們，就順便在現場熱心協助工程部人員解決問題，有時候，遇到技術上的問題，大同工程部就會求助於他，熱心助人的鄭崇華，則利用週日時間，私下幫忙。

「鄭先生，你可以開公司賣零組件給電視廠商。」當時包括周友義等幾位大同工程部主管建議他。

事實上，迫使他加快創業腳步的原因是租到廠房，當下他還在 TRW 上班，白繳了三個月房租。創業後，台達就從電視機零組件做起，當時為大同設計的線圈零件，不僅品質穩定，且能迅速提供樣品快速生產，價格更只有日商的二分之一，成為大同的主要供應商。

大同公司在當年可說是全台灣最大的彩色電視機內銷廠商，日本東芝每年至少有三個彩色電視的新機種上市，同時會

下市一些機種，會將原先在市場上銷售款式的原材料、模具等，送到台灣的大同，以求快速在台灣上市。通常，東芝會附上幾台已經調適好的原裝機種，大同會立即送到台達，只要確認功能完好，台達就會拆下原裝機種的線圈來測量特性，用自己的材料，做出特性相同的線圈插入原裝機種的 PC 板，檢測各項性能良好後，送交大同工程部，通過認證，立即供貨投入生產。最快只要一個月內，就能協助大同的新機種在台灣上市。

這段期間，大同幫外商生產黑白電視機種外銷，同時極力培養自行設計開發的能力，後來周友義成功開發出大同 12 吋黑白電視，命名為 12PC。大同的 12PC 電視需要一個好的線圈協力廠商，台達的創立適逢其時，「12PC 成為大同外銷的暢銷機種，往後五年銷售數百萬台。」昔時擔任大同電視開發組長的周友義（多年後創立增你強公司）懷念彼此共創美好的戰果。

台達和大同維持三年多的良好合作關係，後續，台達也供應聲寶、新力、將軍等國內電視廠商，撐起創業前三年的業績。

獲老東家 TRW 訂單及時雨

台達創立三年後，遇到世界第一次石油危機，大同的訂單減少，付款條件從 30 天增加到 45 天、60 天，再增加到 120 天。鄭崇華深感付款時間太長，跟大同已經難以繼續，決定轉做外銷，送樣品給 RCA，但檢驗測試過程費時，就在業務青黃不接

之際，來自老東家 TRW 的一通電話，化解了危機。

「我碰到事情，就是愛多管閒事，反而救了自己。」鄭崇華笑了笑說。他回憶，在 TRW 當品管經理時，幫忙生產部解決某一項產品的困難，找到問題並順利出貨，在他離職創辦台達後，那項產品停產一段期間，後來 TRW 接到訂單，重新生產時又發生問題，無法順利出貨。當時 TRW 主管 Bill Jones 獲知鄭崇華是當年解決問題的人，於是親自打電話給他，把那項產品外包給台達代工生產。

TRW 的訂單穩定，及時解決了台達的問題。

早年，RCA 和增你智兩大美國廠商，占美國大部分的電視市場，一九七四年，台達送樣 RCA 測試，成功拿下訂單，每年的品質評等都是特優，曾經創下兩年二千萬顆零件無不良紀錄，每年都得到 RCA 頒發的特優供應商獎牌，且 RCA 的付款方式會先以 LC（信用狀）開立給台達，便於台達向銀行調度資金。後續，又開發增你智等客戶，每一個機型的訂單量都比過去大得多，至此台達已奠定外銷成功基礎。

幫飛利浦救急，打入供應鏈

在八〇年代之前，歐洲許多大公司並未在台灣設廠，鄭崇華曾多次到歐洲親自跑客戶，也曾請國外的業務代表在地服務，但成本高且時效不夠即時，無法有效拓展歐洲業務。

一九八〇年，台達成立美國辦事處，便開始服務 RCA、增你智等原廠，並開始直接供應原廠電視用的中周變壓器（IFT）等電子零組件。直到飛利浦來台灣設廠生產黑白電視，又開啟新的合作契機。

當時，飛利浦從荷蘭派了一位為人和藹的採購經理 Sawar 到台灣，鄭崇華親自去跑業務，Sawar 開門見山告訴他：「總公司已決定向日商東光訂購 10 毫米（mm）線圈，不可能再找其他供應商。」東光與飛利浦合作關係長遠穩固，台達不易拿到訂單。

但鄭崇華不放棄機會，不停地去飛利浦跟 Sawar 見面，保持連絡，Sawar 見他如此積極，頗為感動，但仍告訴他訂單早已決定，實在沒有機會與台達建立業務關聯，但兩人卻建立了互信關係和友誼，後來當飛利浦在第一次試產時，東光的線圈無法調出圖形，由於零件是日本設計的，東光台灣分公司人員無法解決，日方又遲遲未派人到台灣協助，眼看量產在即，飛利浦擔心出不了貨，Sawar 只好打電話給鄭崇華，希望台達能派人協助他們解決問題。

接到電話後，許美華堅持前往，帶著 10 毫米線圈零件趕到飛利浦工廠。原本想去協助她的鄭崇華，到現場才知道，只花了一個下午，樣品一測試就過關。鄭崇華很驚訝地想：即便是一個大專畢業的工程師，也不容易這麼快解決問題。由於量產

已迫在眉睫，飛利浦請求台達協助用最快速度送二千套零件應急。那時已是下午五點，沒想到許美華一口答應隔天早上送來，讓大家大吃一驚。

能幹且非常有個性的許美華，態度堅定要他不要擔心，既然敢答應，就一定做得到。果真，電視線圈的團隊六、七個人晚上趕工，次日如期交貨，整批貨用下來都一切完好。

台達救援成功，讓飛利浦刮目相看，憑實力拿到原本幾乎沒有機會的訂單，飛利浦將線圈訂單轉給台達，後來甚至全球其他廠相同機種的線圈都百分之百由台達供貨，成為最成功的案例。

這件事情的啟示是，許美華雖然不是正規科班出身，但在工作中憑藉著認真學習與專心體會，在與大同合作 12PC 專案中，學到了許多實務經驗，並成功應用到後來的工作中。另外，東光的銷售人員過於自信，以為短暫被別家供應商拿走的訂單終究會回到他們手中，不料這次並沒有發生同樣的狀況。

跨進電腦市場，始於電源雜訊濾波器

創業的第一個十年，台達以電視線圈和電子零組件為主，穩定耕耘 RCA、增你智、飛利浦等外商，每一個機型的訂單量都很大，前十年的平均年成長率（CAGR）高達 69％，優異的成績單，奠定後續堅穩的成長步伐。

　　進入一九八〇年代，開始面臨挑戰，一來是，當時在電視零件的市場占有率已相當高，不易再擴大市場規模，其二則是，客戶一再要求降價，電視零件業競爭壓力愈來愈大。

　　鄭崇華觀察到個人電腦市場興起，決定順應趨勢潮流找機會，在邁入第二個十年時，由電視市場轉進電腦市場。

　　在一九七九年，美國有些廠牌的個人電腦和數位產品因設計不良，曾發生被歐洲海關禁止進入歐洲市場的情況，原因是會產生電磁波干擾問題。當時，鄭崇華注意到這個訊息，特地買一台電腦回家測試，果不其然，他發現電腦電波會干擾電視出現雜訊，造成畫面跳動。

　　富有研究精神的他，開始動腦想解決這個問題。一九八一年，台達進入資通訊產品領域市場的第一項產品就是電源雜訊濾波器（EMI Filter）的量產，切入的重點，就是為了解決電波干擾產生雜訊的問題。

　　當時，早已在台灣設廠生產電腦和終端機的美國迪吉多（DEC）電腦公司，找上台達開發 EMI Filter。台達對這項產品駕輕就熟，設計、製造應沒有困難，鄭崇華見機不可失，馬上加快腳步著手設計首項客製 EMI Filter，經台灣 DEC 測試使用完好後、送到美國總部測試也獲得通過。但 DEC 美國總部的工程部經理陸續改了四次規格，每次改規格都要重送樣品，我們行動很快，甚至在改無可改之後，竟又要變更接線的顏色，還

好這個行為被其副總發現，令他立即批准台達產品。為了不延誤出貨，鄭崇華先後帶著各種 EMI Filter 產品飛了美東四趟，最後是一次過關，不必改規格，要他立即供應。

在設計 EMI Filter 時，從測試到更改設計架構的流程非常短，因此，設計者要有足夠的應變能力，只要系統線路一改，雜訊就不同，濾波器也要根據新的雜訊更改設計，「由於當時台達幫全球許多電腦公司的不同機種做設計，你的修改能力愈強，他（客戶）愈需要依靠你。」鄭崇華明白地說，「如果不能快速為客戶解決電磁波干擾問題，下次客戶就不會再找我們了，幸好台達在這方面表現一直很優異。」

另一方面，台達設計了一百五十個電源雜訊濾波器產品型號，得到美國 UL、加拿大 CSA、德國 VDE 的驗證，齊全的產品線頗能滿足客戶各種需求。前飛利浦全球執行副總裁羅益強曾讚許：「台達雖然是大量生產的公司，但卻具備很強的隨客戶需求而做設計調整的工程能力。」組織內強大的客戶導向的工程師團隊，正是台達產品增加特殊附加價值的要素，吸引客戶信賴長期合作。

意外得到 IBM 急單，進入全球電源供應器市場

個人電腦起源於一九七○年代末，隨著微處理器的發展腳步，一九八○年代桌上型電腦愈發普及，但當時電源供應器大

多是傳統的矽鋼片製造而成的變壓器，又大又重，效率大約
50％。台達一九八〇年開始生產交換式電源供應器的變壓器和
電感元件。一九八三年，成功開發出交換式電源供應器，不僅
輕薄短小，效率也比過去的更高，但一般客戶都對新供應商沒
有信心，要經過一段時間才會給較大的訂單。

　　鄭崇華曾拜訪 IBM 在台灣的採購負責人，探詢電源供應器
的業務機會。對方坦言很困難：「IBM 很保守，沒有足夠經驗
的話，很難獲得信賴。」但不久後某一天他突然打電話給鄭崇
華：「老鄭，你的機會來了！這次要做的是 IBM 已經設計好的
東西，能不能三十天內出貨？」

　　原來，IBM 某 PC 機種使用的電源供應器原本由中國電子
代工，不知道甚麼原因突然停產，IBM 急著找新零件廠商代
工，否則個人電腦無法出貨。

　　鄭崇華先拿了產品測試，發現電解容器供貨廠商品質很
差，他建議：「一定要更換好的廠商，否則不能做出好的電源供
應器。」

　　但台灣 IBM 回報，美國總公司不同意認證過的產品更換零
件供應商，態度強硬，不答應這個要求。鄭崇華擬出一份廠商
品質優劣報告，堅持更換供應商，來回耗時近半個月，最後
IBM 勉為其難答應他的建議。

　　台達則如期完成產品生產、交貨，品質獲得好評，後續的

訂單則交由台達設計，品質也同樣深得肯定。IBM 一路追加，台達還配合需求擴充生產線；一九八三年，台達業績比前一年大增 87.5％。也讓鄭崇華意識到從電源供應器取得的業績增長更快，「這是我們個人電腦（PC）賣得最好的一個案子，你們拿到 IBM PC 數量最高機種的訂單！」一位 IBM 高層主管告知鄭崇華。那次堪稱天量級的訂單是一年三十萬台電源供應器。往後，台達即成為 IBM 重要的合作夥伴。

曾任 IBM 採購部大中華區副總經理李祖藩曾回溯歷史，「一九八四至一九八五年，台達電源供應器生產線僅兩條，但IBM 一年訂單則高達五十萬台，奠定台達電源供應器王國的開端。」一九九〇年 IBM 首度在台灣頒發優良協力廠商獎，台達就是首批獲獎名單之一。

「鄭先生勇於突破現狀，致力探索、開發新技術，充分對下授權，進而贏得客戶信任。」李祖藩直言，正是台達精神的展現。

循著 IBM 的步伐，之後台達打入 APPLE、王安、Digital、宏碁等電腦廠，因品質優良，訂單逐步上升。鄭崇華形容一九八三年以後一路攀升的業績表現。

一九九六年，台達交換式電源供應器已是美國銷售量第一名的廠商，各式各樣的電源供應器產品，包括桌上型電腦、筆記型電腦、通訊設備電源、不斷電系統、工業電源……等等不

勝枚舉。

由於掌握關鍵技術，台達不斷提升電源產品的能源轉換效率，到了二〇〇〇年，幾乎所有電源產品轉換效率超過 90％，像伺服器電源轉換效率可做到 96％到 97％，通訊電源效率高達 98％、太陽能逆變器效率更高達 99.2％，都居世界領導地位，成為全球電源供應器的最大供應商。

從散熱管理到節能解決方案

工程師出身的鄭崇華，非常重視電源產品轉換效率，總是要求研發提高產品轉換效率來達到節能目標，要提升轉換效率高的產品。

台達取得 IBM 電腦訂單後，有時訂單量大增一倍，由於 IBM 只承認 Panasonic 的風扇，台達接到急單時，對方常因時間太緊迫，無法足量供貨。

為了解決缺貨的窘境，台達決定自己做風扇。當時日本 Panasonic 等風扇大廠，都很歡迎台達到他們工廠參觀，希望台達人員看到他們全自動化工廠的規模後，能知難而退。

台達風扇部門面臨強大壓力，還是決定自行開發。經過不斷改善風扇設計技術、製程，並持續開發自動化；開發出超薄型風扇散熱模組，更促成薄型筆電在市場上成功推出。尤其，在生產基地移到中國大陸後，競爭力大增，直流無刷風扇在二

〇〇六年銷售躍居全球第一。

以先進的直流無刷馬達和交換式電源技術，台達設計出安靜、高效能的風扇散熱產品，應用在資通訊領域，並拓展到工業及交通基礎建設用的產品，甚至消費性產品的室內新風交換或浴室通風系統，台達都有涉獵，產品不僅噪音小，且用電可以節省二分之一以上。

台達最新開發的高效率電控智能風扇，廣泛應用在工業廠房、商用建築及數據中心通風系統，更可有效節能。

從風扇到散熱管理解決方案，從桌上型電腦、伺服器、遊戲機、電信、家庭應用等，由台達經驗豐富的工程師與客戶深入合作，先進的工程研發工具開發高效能，低噪音的產品，滿足顧客各式的散熱需求。

以台達創立以來，秉持「環保、節能、愛地球」的經營使命，以不斷設計創新的產品來解決環境問題，從關鍵零組件製造商，邁入整體節能解決方案提供者。

專注在產品能源轉換效率的提升，從二〇一〇到二〇二一年，高效產品和解決方案已協助全球客戶節省約 359 億度電，相當於減少 1,901 萬噸以上的二氧化碳排放量，等於 49,420 多座大安森林公園的碳吸收量。（注：依農委會每公頃森林一年可吸碳 15 公噸換算，一座大安森林公園 25.8 公頃每年可吸碳 384.6 公噸。）

　　只要能滿足客戶需求、能對社會有所貢獻，他都不惜代價嘗試改變。五十年來，「問題解決者」為客戶解決痛點和需求，造就無限商機，逐漸演變為客戶提供解決方案的業務。

　　鄭崇華為了解決「需求」的想法，具有感染力，台達董事長海英俊曾精準地描述，「你很難跟他說不，也很難不全力以赴，因為，你已經有解決需求的使命感。」

鄭崇華的經營心法：

- 只要在工作中認真學習、專心體會，即使不是正規科班出身，也能做出亮眼的成績。

- 致力於為客戶解決痛點和需求，滿足客戶需求，逐漸演變為客戶提供解決方案的業務，能造就無限商機。

06 堅持品質，是永續經營的根基

「這是華人經營的公司。」鄭崇華在 TRW 工作時，外籍主管參觀國內供應商的工廠時如此下評語，在他們印象中，中國人不注重品質、沒有管理制度、做事馬馬虎虎。

當時，他聽出語氣中的輕視態度，心裡很不服氣，便暗暗立志：「我要創造一個以品質和研發為重的公司。」也因此，公司成立以來，他就始終堅持以「品質」取勝。

在亞航及 TRW

初入社會，在亞航儀器部門工作，對儀器維修品質管理非常嚴格，產品的可靠性和品質更是重要，養成鄭崇華對工作要求絕對精準。

在亞航工作的最後一年，除了訓練新進員工，晚上還常被派到機廠協助解決飛機飛航的問題，經常工作到深夜。對過去測試修理飛航儀器，再上飛機了解使用的經驗，非常感興趣，但後來覺得自己沒有飛航系統訓練的完整知識，覺得責任太重，做滿五年，轉到 TRW 工作。

在 TRW 的最後兩年，他負責品管部門，綜理三間工廠，剛接任時，很多產品被退貨。他很認真並厲行嚴格的品管，並邊做邊學。

後來去參觀日本工廠，讓他在改革品管制度得到很大的啟發和影響。日本的品管人員在生產線上，身上會帶著檢查工具，一旦發現不良品，馬上追查發生的原因，找到問題然後徹底改正，是零缺點（Zero defect）的管理方式。

他上任後馬上改用 Military Standard 104D 的品管制度抽樣方法，把 AQL 抽樣標準從 1.0 推到 0.65，但試行後，內部退貨率大增，引起極大反彈。公司找了當時在品管界很有聲望的台糖品管經理，到公司傳授品管知識。針對 104D 抽樣計畫，說明可靠機率基本原理，讓全廠幹部認同改革的必要性，再一步步地加強、改善，力行「一開始就做對」的精神。

最後，在鄭崇華推動改革的堅持態度下，大幅改良 TRW 的品管概念及制度，產品品質日漸改善，事後得到相當的肯定。

品管從產品設計開始

從台達創立開始，鄭崇華就堅持落實「從開始就做對」（Do it right from the start）的品質管理態度，嚴格管控。從產品設計開始，就進入品質及可靠度管控，不斷地做有效改進，深植「實、質、捷、合」的企業文化，得到客戶的滿意。

「設計產品時，除了符合客戶的需求外，還應該要嚴密考慮生產製程跟自動化，如何使得生產快速、經濟，又能達到可靠的品質標準。」他詳細解構設計師應有的思維，並在成立台達後，一直動腦思考，如何花最少的時間和成本，達到最佳的品質，想盡辦法設計出自助化，以撙節成本。

在設計之初就決定了成本，做合適的選擇及製程的自動化，做出有競爭力的產品。

目前很多產品都有能力接到，可決定設計及製造程序，再開始做。

每一個人都是品管員

鄭崇華特別強調：「落實品管不只是品管經理的事，而是全公司每個人的責任。」

他在 TRW 品管單位時，有一次看到一位新來的工程師，在生產線亂改製程。鄭崇華在一旁觀察後，提醒 IE 工業工程部經理：「你們找的新人經驗不足，要注意一下。」工程部經理和他交情不錯，到現場後發現確有其事，連聲感謝他的提醒。

但並非每位主管都有此雅量。他發現，有些人會愛理不理，或認為他越界，多管閒事，這種風氣很不利合作。

「即使是作業員，一發現問題也要立刻反映。」他舉例，過去曾找過大專畢業生當生產線的小主管，有一次作業員質疑：

「這次裝的零件電阻不一樣，是不是發錯料了？」主管卻兇悍地回應：「你什麼都不懂，別囉唆！這是不同客戶的。」

他在現場一聽，馬上教育小主管：「我會跟他說『謝謝你的提醒，因為客戶不一樣，用料不同，以後如果還有這種問題，一定要告訴我。』」他強調，做品管就要有這種精神，材料不一樣，要馬上提醒，因為人都可能犯錯，難保不會發錯料。

過去，某次生產線一位組長要更改生產流程，領班深怕會出問題，不肯照做，但組長堅持一定要改。領班再提醒組長，卻挨罵，於是向鄭崇華反映：「組長要這樣改，可以嗎？」鄭崇華馬上找組長問話：「是不是原來有什麼地方不好，這樣改有什麼好處？」組長支支吾吾說不出話。未料等他走後，組長卻指責領班越級跟老闆告狀，大罵：「我有權可以 fire 你。」

鄭崇華一聽說此事，馬上 fire 組長，「這不是位階大小的問題，我們注重的是事實。」並嚴肅地說：「如果能改得更好，當然歡迎，但要經過審慎的考量跟實驗。」

他強調：「在台達，任何人發現問題，都可以提出意見。」如果作業員發現製程可以改善，可以跟主管反映，若建議的對公司有貢獻，還可以發給獎金。

通常會在生產線最後安排品管員逐一檢查成品，但一個人要檢查幾十種零件，無法全面注意到且難免容易疏漏。他想到，「每個作業員只要多看一眼上手做的東西有沒有錯誤，如

果發現有不對的地方，趕快告訴上手改進。」只要多一個步驟，人人都是品管員，就能替品質把關。

台達幫大同生產 12PC 後，聲寶有一個工廠是做內銷電視，要在國內採購零件，鄭崇華設計了一套電視線圈的樣品給聲寶，因零件品質好、價錢比日本便宜，很快地就通過採用。甚至聲寶的外銷工廠，也改用相同機種，全部使用台達的零件。

但合作一段時間後，訂單突然大降到只剩二、三成。原來，聲寶採購部人員出去開立公司，搶走台達的生意。但經過一段時日，聲寶電視陸續被退貨，公司發現問題後，又回頭全部向台達下訂單。

由此顯見，堅持品質，才是長遠經營之道。

品管制度化是長遠經營之道

由於品質優異，台達是全球電源供應器最大的供應廠家，品質也獲大同、增你智、RCA 等客戶認可，紛紛頒給台達優良供應商獎。台達供貨給 RCA，曾創下連續兩年 2,000 萬個產品零抱怨、零退貨的紀錄，RCA 特別頒發「黑字」獎牌給台達，有別於往年的紅字，鄭崇華很好奇地問何以是黑字，對方說：「黑帶，代表特別優秀。」

開業不久，鄭崇華就用標準化設計的方式，解決零件採購量太零散的問題。例如，他替聲寶設計的全套中周變壓器，就

採用同樣的鐵芯和線軸、接腳，不僅採購量較大，產品的品質也會相對穩定。而設計標準化產品，因零件、模具都相同，讓台達可以比其他廠商快速供應零組件，而占有優勢。

由於為飛利浦救急，生產 10 毫米黑白電視線圈，取得飛利浦的訂單，但飛利浦要求台達的不良率 ppm（每百萬分之一）的紀錄，我們每批出貨都有抽樣檢查，就把長期出貨抽樣結果算出來的 ppm 提供給飛利浦。

曾擔任惠普（HP）台灣分公司董事長兼總經理的黃河明就曾讚許台達，認為台達將品管制度化並嚴控品質，不出幾年，就取代日商成為 HP 電源供應器的最大供應商，足以看出追求品質卓越的努力獲得肯定，因而成為台灣第一家取得 HP 頒贈的亞太區最佳夥伴獎。

日本是以品質要求嚴格聞名的國家，一九八九年台達接獲第一個來自日本大量訂單，是 NEC 顯示器用電源供應器，「這筆生意，讓我們學到日本人一絲不苟，追求完美的精神。」台達副董事長柯子興回憶說。能獲得日本企業的肯定，即代表品質保證，奠定台達業績陡峭成長的基礎。

品質口碑是最好的銷售員

「台達是一個天天在進步、成長的公司。」周友義有感而發說。周友義原本在大同任職，台達是供應商，後來創辦增你

強，變成台達的協力廠，長期合作下來，非常認同台達的品質口碑。

「這個 Delta（台達）就是製造 EMI Filter 的 Delta 嗎？」一九八六年，台達開始生產交換式電源供應器後，到美國參加國際展覽，會場上曾用過台達 EMI Filter 的廠商這麼問。

台達生產的 EMI Filter 品質獲得良好口碑，是台達一再在品質上求進步，鄭崇華要求品管單位產品測試紀錄，依每日、每月累積得到的 ppm 數字畫在一張圖表上，將多年來一起比較，發現生產線的平均不良率，逐月、逐年降低。

以台達供應迪吉多 EMI Filter 的不良率低於 200ppm 來看，比起美國大廠 Corcom 自己在專業雜誌上刊登廣告宣稱的不良率 2,000ppm，只有十分之一，顯示台達品質遠勝於國際大廠。

當時全錄公司是全球 EMI Filter 的大客戶，一開始台達報給全錄的價格只有 Corcom 的一半，全錄對品質有疑慮，反而不敢下單給台達。

發現此狀況後，鄭崇華心生一計，把台達和 Corcom 的產品零件都黏貼在一塊板子上一起比較、說明，一目了然，全錄才了解台達使用的零件都通過國際安規機構認證，Corcom 使用相對便宜的電容片，售價卻比台達高出許多，因此改向台達下訂單。台達品質好，又能提供快速設計服務，大獲全錄好評，後來大部分 EMI Filter 都交給台達生產。

　　台達 EMI Filter 品質好，價錢又相對便宜，在雙重優勢下，搶下全錄、迪吉多、王安、IBM 等大公司生意。

　　在商業界，客戶的口碑就是品質保證，可以創造企業無形的價值。由於台達對品質的重視和用心始終如一，奠定後來生產電源產品的品管基礎，獲得客戶的信任，而讓台達電源供應器上市就建立良好口碑，讓客戶成為最佳的業務員。

　　「品質第一是台達人的信念，」在台達服務長達四十年的許榮源說，「台達人確信，沒有品質就沒有明天。」「品質是製造出來的」當然沒錯，但品質要從好的設計開始，寧可花更多時間做實驗，包括可靠度實驗，一切證明完好才上線生產，這就是 Make it right at the first time。堅信「品質是設計出來的」，致力優化品質，一路對品質堅持執著的精神，就是台達取得客戶信任的最大保證。

打入戴爾電腦供應鏈

　　個人電腦品牌大廠戴爾成立後，在電腦業界火紅，台達卻一直沒有供貨給戴爾。多年後，鄭崇華才得知，戴爾成立之初，就找上台達採購電源供應器。但當時負責美國市場的台達業務人員說：「你們的生意太小了，又很會殺價，我們老闆不感興趣。」不得體的話，讓戴爾一直不找台達供貨。

　　直到台達任用兩位服務態度很好的香港籍業務人員，專門

負責戴爾這個潛在客戶。有一次，戴爾突然通知他們到美國總部，但在那邊等了一天，卻沒有什麼成果，不久，對方又通知他們過去，開始談到供貨跟樣品等細節，但對方提到：「我願意給你們訂單。可是，你們老闆好像不喜歡跟我們做生意？」

業務人員聽出話中端倪，立刻向上回報，鄭崇華聽到了，便立刻啟程前往美國戴爾總部。

「很多年前，你們對台達電源供應器很有興趣，我們的業務員回絕了你們，因為當時台達很小，貴公司成長又快速，我們還沒有準備好，如果草率答應合作，做得不夠好的話，可能今天你們也不會要我來了。」鄭崇華率先表明，台達必須準備充足，做出讓戴爾滿意的產品。「今天看到戴爾很成功，我很開心，希望能夠和你們做生意。」

他的真誠剖白，讓戴爾業務主管心悅誠服：「Bruce，你真是個很好的業務員。」

鄭崇華一直自承口才不好，不是好的業務員，但多年好友、維州理工大學電力電子學中心主任李澤元（Dr. Fred Lee），早就洞悉他的業務長才：「他是一位十分傑出的推銷員，連他自己都不清楚在推銷產品方面有獨特之處。」

當時，戴爾為降低風險，不把雞蛋放在同一個籃子裡，改變政策，再找其他廠商合作相互競爭，將台達納入第四家合作廠商。但對方表明：「最後一定會淘汰一、兩家，希望你們好好

做，拿到大訂單。」

　　台達泰國廠負責生產戴爾的訂單，但交了一、兩批貨之後，戴爾業務經理電話通知鄭崇華。原來，戴爾有一套測量不良率等指標的系統，結果顯示台達排名最後。

　　「我們一切照規矩行事，假如台達無法改善進步的話，可能會被淘汰。」那位經理說道。鄭崇華獲知結果後，決定親自飛到泰國了解情況。

白金級的品質肯定

　　一抵達泰國，他就到工廠實地了解生產線和品管問題。品管部經理馬上提出報表向鄭崇華報告作業流程，經理強調：「應該不會有問題。」

　　「我們把要出的貨全部拆開來看。」鄭崇華二話不說，和生產部的資深員工一起徹底檢查。未料，真的檢查出許多問題。品管經理坦承：「當初認為作業員都有經驗，認為他們可以做得好。」鄭崇華正色厲聲：「不是『認為』好就好，要能夠『做出來』好才是好！」

　　他下令將所有包裝好等著出貨的產品，一個一個把盒子全部拆開，檢查面板上的每一個零件，再針對發現問題的部分，教導作業員正確做法，最後測試，然後再包裝。

　　戴爾電腦業務經理很好奇，一般公司得要花一、兩年才能

糾正過來的錯誤，台達馬上就全面導正。他再次告訴鄭崇華：「你們的品質達到第一，從最後一名變成第一名，這是非常傑出的表現，你們是怎麼做到的?!」

「我們很認真。」鄭崇華苦笑，不好意思坦承，他們一個一個拆開來詳細檢查，確實做到對品質的嚴格要求，他絲毫不妥協。

每到年底，戴爾都會舉行供應商大會，會選出最佳的供應商。一九九九年底，戴爾業務經理告知台達業務員：「今年供應商大會，請你們老闆務必親自出席。」行前，他們都在猜測「會不會是得到什麼獎了？」

鄭崇華應邀到了美國，麥可戴爾在會場發表演講後，當頒發供應商大獎，從第三名開始唱名，到了第二名，還是沒有台達的名字，鄭崇華心想「沒指望了」。沒料到，最後台達被選為一九九九年度供應商的第一名，獲得白金級全球最佳供應商獎（Platinum Supplier Award）。台達變成戴爾的主力供應商，有白金等級的品質加持，也讓戴爾的生意愈來愈好。

麥可戴爾親自頒獎時，熱情地與鄭崇華握手。此後，兩人保持良好的互動關係，「我退休了這麼多年，他每年還是寄聖誕卡給我。」鄭崇華開懷地說。

台達落實對品質堅持，讓許多以品質要求嚴格著稱的世界級廠商，例如 HP、Intel、IBM、GE、Cisco，日本的 NEC、

Fujitsu（富士通）、SONY 等買單，都曾頒發績優廠商獎給台達，成為最佳的供應商。

　　為符合生產交期和顧客期待，台達也在內部設置檢驗室，完全按照 UL、CSA、VDE 等國際安全檢驗標準，並獲得國際認證機構的同意和授權，讓台達品管可在產品通過認證後，自己貼上合格標籤。

同獲戴爾、飛利浦背書取得投影機晶片

　　台達早在九〇代中期開始投入投影顯示器的研發。投影機的心臟——晶片原料，原本是以日系 SONY 的 3LCD 技術為主，但之後 SONY 不再供料的缺料危機後，台達開始轉向 DLP 技術。

　　當年德儀（Texas Instruments）幫美國空軍設計開發 DLP 投影技術，以應用在戰鬥機高空高速飛行時的畫面。德儀成功開發後，在某次電子展宣布要將晶片工業化，當時鄭崇華也在現場，就要求德儀的業務人員，跟他們要求提供樣品，但一直沒收到，想買晶片而不得其門而入。

　　當時正好德儀希望在遠東或台灣地區找到製造商，一次麥可戴爾到德儀拜訪，德儀便詢問戴爾有沒有推薦廠商，台灣哪一家投影機做得最好？由於之前戴爾到過台達參觀，毫不考慮地說：「應該是台達。」

　　而同時間，有位負責設計投影機燈泡的飛利浦工程師，也在德儀被詢問台灣哪個投影機廠商最好，飛利浦人員也點名台達。在戴爾和飛利浦兩家公司同時背書下，台達順利獲得德儀的信賴。

　　原本求人不可得，沒想到德儀自動上門，要台達購買他們的晶片生產投影機。德儀寫了一張合約，希望鄭崇華拿合約回去考慮一下。「不用考慮了！我們現在就簽。」

　　以品質為先的企業經營之道，讓台達處處遇貴人相助。台達順利拿到晶片，化解了晶片原料的危機，在視訊顯像產品領域占有一席之地。

鄭崇華的經營心法：

● 從台達創立，鄭崇華就堅持落實「從開始就做對」
（Do it right from the start）的品質管理態度，深植
「實、質、捷、合」的企業文化，得到客戶的滿意。

● 在設計之初就要將成本等問題考量進去，做合適的
選擇及製程，才能做出有競爭力的產品。

● 客戶的口碑就是品質保證，可以創造企業無形的價
值。

⑦ 好設計、好製造，造就好產品

「在正確的時間做正確的事，把事情做對。（Do right thing at right time, and do things right.）」這是鄭崇華經常要求自己，以及經營團隊做事的準繩，也形塑出台達的企業文化。

不斷用心改善，做出優良、有競爭力的產品

在 TRW 工作時，製造可變電容器產品需要鍍鎳，以做防鏽處理。當時 TRW 有自己的電鍍廠，有時電鍍師父會在電鍍工作間吃便當。

鄭崇華看到後，大驚失色說：「千萬不要這樣做，你會中毒。」若稍不慎，後果堪慮，工人不知道嚴重性，他就會苦口婆心勸告。

而當時 TRW 電鍍後的廢水也沒有處理，直接排放電鍍廢水。鄭崇華發現這種情況時，還問老闆，「TRW 在美國的廠都有處理廢水，為什麼台灣廠沒有？」

老闆回說：「台灣沒有法律規定。」確實早年台灣欠缺環保

意識，沒有相關的立法，電鍍工廠直接排放廢水到水溝，再流到農田裡。他常見農民打赤腳在田裡做事，可能會導致中毒。

即便沒有環保法規，鄭崇華認為也不能亂排廢水，他跟老闆說：「雖然沒有環保法規，但若毒害人，依民法公司要賠錢；若影響生命或致死，則涉及刑法。」老闆一聽，臉都綠了，要他「趕快去改！」後來，就加裝了廢水處理設備。

台達生產 PC 電源供應器時，他到生產線把外殼拿起來看，作業員阻止他說：「鄭先生不能碰，你的指印會留在上面。」包裝時，還會再用油布擦得光亮。

不久，改用工業鍍膜處理的鐵板，實驗結果反而不容易生鏽，大家都跟著使用，既能保固也節省成本。

無鉛銲錫，走在法令規範之前

鄭崇華一九九九年就開始評估，要把含鉛的銲錫，改成無鉛銲錫。啟發者是通用汽車 GM（General Motors）的工程師。

早年到美國參觀汽車展覽，有一回 GM 工程師問他：「你們電子業有沒有改用無鉛銲錫？」他從未聽過，反問：「為什麼要用無鉛？」

原來銲錫裡面通常含有鉛，因為鉛很便宜，相對錫較貴，金屬中鉛的比率高於錫，一旦被廢棄在外，鉛就會跑到土或水裡面，會影響環境造成人類中毒，對幼兒的負面影響更大，GM

正考慮改用無鉛銲錫。

回來後，鄭崇華馬上和一位代理銲錫買賣的朋友連絡，詢問有沒有賣無鉛銲錫。朋友回覆他，因銲錫若不加鉛，會加上銀或其他金屬，價格更貴，幾乎是有鉛銲錫的五、六倍，因此少有人用。

多年後，那位朋友回頭找鄭崇華，告知有個新的無鉛銲錫，成本只有一倍左右，他決定採用無鉛銲錫試試。

二○○○年，台達把一條銲錫生產線調整成無鉛銲錫，但當時同業認為會提高成本，並不看好。二○○一年，台達還在中國大陸吳江廠，設立重金屬及毒性物質檢驗實驗室，堅定走向無鉛銲錫的路。

由於歐盟規定「有害物質限用指令」（RoHS），在二○○二年公布將於二○○六年上路實施，SONY 要求各供應商，逐步改用無鉛銲錫。SONY 人員問台達：「有沒有考慮未來製程使用無鉛銲錫？」一問之下才得知，台達早已採用無鉛銲錫，而且使用同一家原料廠商，後續增加大筆訂單，SONY 遊戲機電源幾乎都由台達供應。

台達不僅走在法令規範之先，對環保的用心更深獲 SONY 認同，二○○三年，SONY 頒發全球第一張海外「綠色夥伴」認證給台達，以表彰對台達的環保精神。

「把產品賣到日本；假如零件能夠賣到日本，這樣的品質

就可以世界各地通行。」鄭崇華明白地說。由於日本客戶對品質要求非常挑剔，是業界公認，台達能獲 SONY 肯定，就是最大的品質保證，此後才開始爭取到日商的大訂單。

鄉居生活獲靈感，突破技術

台達替 IBM 電源供應器時，為防止殘餘在焊點跟 PC 板的銲油造成腐蝕，要先用規定的洗滌劑跟熱水，把殘留的銲油洗乾淨，還要加一道烘烤乾燥流程，既耗費時間又增加成本。

他小時候住在鄉下，屋瓦會用鍍鋅鐵板做成瓦溝，下雨時，雨水會順著雨水槽流入兩頭的排水管排下來。但時間久了以後，鐵板就會生鏽、腐蝕，就要找人更換。充滿好奇心的鄭崇華，總是蹲在一旁看大人工作。

連接鍍鋅鐵板時，會在鐵板前後兩端各打一個洞，等燒得通紅時，用銲烙鐵把洞口銲接起來。他發現，師傅會拿一個黃黃的東西，用烙鐵加溫融化在銲接處，接下來才進銲錫。

「那是什麼？」他好奇的問。「松香。」師傅們回。「為什麼要加松香？」他再問。「加了松香會銲得很好。」他們回應。

在依稀的記憶中，他也發現，腐蝕破掉的大多是鍍鋅鐵板，都不在銲接處。於是，他找書求解答，查到的資料指出，純松香在固體狀態沒有腐蝕性，銲錫效果更好一點。

他再深入研究，純松香在固體狀態沒有腐蝕性，「但當溫

度升高，融化成液態的松香，腐蝕性就出來了，可以把氧化薄膜除掉，有助於銅和錫的融合。」

由於一般金屬放久了容易氧化，例如，原本亮晃晃的銅，時間一久就會產生氧化銅薄膜，會造成銲接的不良。

以前在 TRW 時，他曾教作業員如何銲錫，親自示範，拿出一塊產生氧化薄膜的銅板去銲接，用力一拔，兩塊金屬又輕易地分開，讓同事知道銲錫不是愈多愈好，一定先把松香液化，去除氧化膜，接下來立刻銲錫，才能融合成很薄的合金，拔都拔不掉，銲油要用純松香，才不會腐蝕。

重點是，先用純松香加熱，去除金屬表面的氧化膜，當氧化膜去除了，便要立刻銲錫，把兩種金屬融合成合金。這樣不僅不用添加化學物質，既對人體無害，也不會腐蝕。

堅持做對的事，說服 IBM 更改製程

經過理論和實驗證明他的創新技術能力，鄭崇華在接到 IBM 訂單時即建議，用純松香銲油，可以不必再多花成本增設清洗的設備；他再三保證，「絕對沒有問題」。

但 IBM 堅持不同意更改製程，台達接單 IBM 的第一條生產線時，不得不再增加清洗製程的生產線。

後續 IBM 的訂單大增，大約一年後要做第二條生產線時，鄭崇華再重提用純松香銲油的製程，這一次，IBM 才終於認同

台達的製程做法，同意依照純銲錫生產的建議，在最後製程不必再用水洗、不用清洗劑，也不用再烤乾，大大節省製程時間和成本。

做事情時喜歡透澈研究，鄭崇華一談到技術和研發實驗，總是滔滔不絕說個不停，闡述自己的理念。他認為，企業不應該只顧著眼前利益，要放遠未來，了解市場的需要，開發並製造對社會真正有價值的產品，才能贏得客戶的尊重和信任。

只要認為是有價值、該做的事，他就會堅持去做。他強調，第一次就把事情做對的觀念，非常重要，是他始終不變的理念，形塑台達務實又創新的企業文化，奠定堅穩的事業根基，永續發展五十年。

鄭崇華的經營心法：

- 台達對環保的用心，不僅走在法令規範之先，更深獲合作廠商的認同與肯定。

- 企業不應該只顧著眼前利益，要放遠未來，了解市場的需要，開發並製造對社會真正有價值的產品，才能贏得客戶的尊重和信任。

08 創造藍海，不和別人做一樣的產品

從電視機線圈、中周變壓器、電源供應器到薄膜電阻，台達透過找到對的產品，培養自己的技術能力，創造高度競爭的門檻，不做惡性競爭的市場和產品，這種勇於開拓「藍海」市場的策略，讓台達始終穩站領導地位。

在一九七〇年代，台灣的電視機零件產業才剛萌芽，憑藉著在 TRW 的工作經驗，鄭崇華研究，在所有電視機零件中，線圈的成本最小、有一定的技術難度、競爭對手相對較少，具備三項利基，電視零件，就成為他切入的事業起點。

台達初期以開拓本地客戶為主，競爭者相對較少，台達元老之一的許仁慈記得，一九七一年成立第一年就賺錢，「那年就領到兩個月年終獎金。」

後來進入外銷市場，國際競爭者多，他則選擇技術難度更高的產品切入，用技術品質和獨特性，維持競爭優勢提升價值。

在經營外銷市場多年後，面臨廠商不斷降價的壓力，台達因應之道，是用創新的設計和製程改善提升競爭力。

找到對的產品，培養自己的技術能力，創造高度競爭的門檻，不做惡性競爭的市場和產品，是鄭崇華開拓「藍海」市場的策略，讓台達始終穩站領導地位。

堅持投入電源供應器近四十年

在台達的「藍海」市場中，泅泳時間最長、最深的商品，則非電源供應器莫屬。

一九八○年代初，台達正好趕上電源供應器改朝換代的大好機會。電源供應器，是各種電器設備不可或缺的零件。拜個人電腦潮流之賜，各大電腦廠商為了減少重量、節省空間，並解決散熱問題，紛紛轉型改用交換式電源產品，而成為新潮流。

鄭崇華做了簡單的市場調查，以了解市場情況後發現，電源供應器的市場規模遠大於中周變壓器，但沒有一家廠商市場占有率做到 10%。

他忖思，交換式電源供應器是全新的技術，台達可以和全球廠商站在相同的起跑點競爭，又有生產電源雜訊濾波器的經驗，可應用在電源供應器的設計、生產上；產品輕薄短小又節能，市場前景看好。於是義無反顧地決定，投入電源供應器市場。

但台灣當時沒有交換式電源供應器的設計人才和經驗，正好 RCA 資遣一批有電路設計經驗的工程師，台達延攬這批人

才，在實驗室從頭摸索學習交換式電源產品。

一九八三年，台達開發的交換式電源供應器正式量產，長期深耕，成為台達高速成長的關鍵。直到今日，在全球電源供應器市場，仍居世界級領導地位，屹立藍海商機近四十年。

在技術方面，電源供應器不只是提供電源，產品設計也有相當難度，且牽涉廣泛，許多特性必須和使用系統配合。台達電源供應器是從個人電腦（PC）開始做，當時許多 PC 廠商一窩蜂採用新產品，規格各自不同，但大同小異。

台達自行研發出來的產品經過實驗，儘管品質不錯，但初期鄭崇華不敢貿然找大客戶，合作的廠商都是小公司，很難從中賺錢。

在初期知識和技術有限的情況下，台達一邊做、一邊學，不斷嘗試後，很多東西都靠自己研發出來，客戶有新的東西要增加，工程師可以很快設計出新東西，擁有這樣的實力後，才比較有自信和大客戶來往。

「我們喜歡被客戶要求！」鄭崇華說，大客戶通常都很挑剔，會有許多嚴格的要求，「但在溝通了解箇中原因後，無形中提供我們增進技術的能力，愈來愈好。」

不斷累積經驗後，隨著電腦市場快速發展，台達抓住 PC 市場起飛的機會，包括國內的宏碁，國外則是 HP、IBM、NEC、EPSON、ITT 等知名大廠都成為主要客戶，在電源供應

器市場上走出一片天。

　　早在一九八二年，鄭崇華就在桃園廠添購了一部表面黏著（Surface-mount）機器，這套設備可以省掉零件多餘的長腳，有效節省零件材料和 PC 板的空間。

　　鄭崇華決定採用這種新技術的原因，是為了杜絕同業仿冒。當時仿冒的風氣正盛，廠商仿冒台達的電源供應器，外觀完全相同，但使用不合格的材料，產品問題百出，客戶錯用仿冒品，而誤認台達產品不好，於是鄭崇華決定全面改用表面黏著技術來做電源供應器，增加抄襲的困難度。

　　一九八六年，台達成為台灣第一家使用表面黏著技術做電源產品的廠商，當時送樣品到各國檢驗機構認證，還因為「沒有前例」，檢驗機構要花更長時間評估這種生產方式。

　　這項投資是台達推動自動化生產的關鍵，也是台灣個人電腦自動化製程的濫觴。

　　宏碁電腦開發「小教授一號」微電腦學習機，委託台達代工生產，即是利用這套黏著機的新加工技術，這是宏碁的創業代表作，是第一個自有品牌外銷的產品，次年再向台達採購電源供應器，台達成為宏碁最重要的協力廠商。宏碁創辦人施振榮不諱言，「台達對宏碁早年的成長有極大的貢獻。」

　　而對台灣資訊業而言，台達猶如重要的羽翼，和宏碁等許多本土資訊廠商維持良好且長久的合作夥伴關係，從旁推動了

資訊工業的成長。

設實驗室學術合作提升效率

　　台達在電源供應器成為領導品牌，另一個重要的關鍵，則是不斷研究，甚至學術合作研發，提升供應器的效率，解決供電吃緊的問題。

　　一九七〇到一九八〇年代之際，由於台灣開始發展工業，工廠用電量大增，夏季經常停電，興建電廠的呼聲四起。

　　鄭崇華認為，針對未來的電力需求，蓋電廠是需要的，但應該要以更新、改善輸配電系統，來提高效率，並鼓勵家庭用戶和工廠使用高效率的電氣設備，要比起興建電廠更快、更經濟，更容易達到節省電力的效益。

　　決心要開發電源供應器時，鄭崇華一直自問：「我們該怎麼做？」從節能環保的角度，「台達又能夠做什麼？」

　　台達當時研發的電源供應器效率已達 65％ 以上，他希望能繼續提升效率。加上，在客戶的要求愈來愈多、愈複雜、愈嚴格的挑戰下，品質及信賴性的要求不同，使用壽命也不同，有些產品甚至要求絕對零故障，為了精進技術能力，鄭崇華想到，可以和國際頂尖大學交流、取經。

　　他到美國各大學拜訪，轉了一圈後，找到最好的交換式電源供應器實驗室，就是維吉尼亞理工大學的電力電子學中心

（Virginia Power Electronics Center, VPEC）。

VPEC 主任是李澤元博士，一九八八年秋，李澤元回國講學，趁便到台達公司會晤鄭崇華，「短短一個多鐘頭內，我們談到許多有關交換式電源的發展動向和市場趨勢，鄭先生對交換式電源和相關科技及製造的認識十分深入，是我和在訪問各世界大廠接觸到的各公司總裁很難得一見的。」李澤元說。

由於 VPEC 在美國東岸，距離台灣遙遠，侷限了雙方具體合作的可能，李澤元建議，台達不妨租用維吉尼亞理工大學辦公室成立實驗室。沒想到，一個月後，鄭崇華和當時台達總經理陳夢熊連袂飛到維州理工大學，找李澤元商討成立實驗室。

一九八九年春，「台達電力電子實驗室」正式在維州理工大學工業園區成立，雙方展開合作，由台達提供獎學金，VPEC研發的技術則提供台達使用，台達也經常派工程師到實驗室學習，提升研發實力。之後，台達在離維吉尼亞理工大學不遠處的北卡羅萊納州的羅里市興建一座實驗室大樓，把台達實驗室遷入。

透過產學合作，增強研究、開發高效率、高功率密度的電源供應器，奠定台達在電源供應器的領導地位。

在台達進入第三個十年後，一九九〇年電源供應器的應用面，從個人電腦，逐漸擴及高階伺服器、工業電腦、筆電、通訊系統、不斷電系統等，供應不同市場的電源供應器，應用廣

泛，市占率持續升高，部分產品更接近一半的市場規模。

投入薄膜新技術，轉投資乾坤科技

　　一九八六年，鄭崇華在中華開發等國內企業引介下，認識美國一家生產傳真機用薄膜磁頭的 DESTEK 公司，當時台灣沒有薄膜技術，他心想，可藉此引進薄膜新技術，雙方有了在台灣合作投資設廠的共識。

　　當時，他指派自動化部門負責人劉春條，負責投資專案；延攬一位以薄膜為碩士畢業論文主題的成大學弟加入團隊；另外登報求才，組成 8 人小組到美國 DESTEK 公司受訓，學習專業的薄膜技術。

　　但 DESTEK 創始人，原是 IBM 開發薄膜技術專利的研發人員，受到 IBM 用自家生產的磁頭，研發製造磁碟機後大幅擴產，導致磁碟機廠大受影響，磁頭供應商 DESTEK 營運也受到波及，沒有在台灣設廠的需求，台達派去受訓一年多的人員就被調回台灣；投資案因而胎死腹中。

　　這批人回到台灣之後，因為台達沒有薄膜技術的產品和設備，「英雄無用武之地」，在工研院當時的工業材料研究所所長吳秉天的協助下，讓這批工程師使用工研院先進的設備和場地，鄭崇華為感念工研院的支持，特別捐出 200 萬元，創下工研院首筆民間企業不指定用途的捐款。

　　而不出一年，技術團隊即和工研院合作研發設計出白金溫度感測器、傳真機熱感印表頭等多項產品。

　　當時，日商 Susumu（進工業）是全球最大薄膜電阻製造商，劉春條透過引介，請對方相關人員評估熱感式印字頭是否有生產的市場性。但日方建議台達，考慮做薄膜電阻，並力邀他們到日本工廠參觀。參觀 Susumu 的工廠後，為他們大得驚人的自動化設備產能嘆服，加上 Susumu 生產的薄膜電阻非常精準，誤差值低，且溫度係數也遠低於一般電阻。

　　於是台達決定和 Susumu 合作，在一九九一年投資成立乾坤科技，薄膜電阻技術主要來自日商 Susumu，乾坤則運用自動化設備幫 Susumu 代工。

　　而那批技術團隊後來移到日本進工業的實驗室，成功開發薄膜電阻技術，原本在工研院研發的白金溫度感測器，也運用薄膜技術生產。

　　由於白金電阻和溫度呈直線關係，很適合做溫度感測器。歐洲、北美、日韓等高緯度地區，冬天供應暖氣，白金溫度感測器應用在測量暖氣的流量，可以精準地測量供應暖氣用量，再按使用量收費。當時全球只有美國一家公司生產白金溫度感測器，乾坤花了近一年時間，即將量產推出產品時，對方就提告，指控乾坤侵犯白金感測器專利。

　　對乾坤而言，簡直晴天霹靂，一切都要重回原點。但鄭崇

華冷靜思考，如何解決專利的問題。

由於白金在負 70℃到 700℃的區間，電阻值特性和溫度呈直線關係，他心想：「其他元素是否也有相同特質？」於是他請技術團隊查化學元素週期表，試著加一些白金（platinum）附近的元素，讓它的特性很相近又不一樣。

結果試了加一些其他元素後，特性和溫度也是呈一直線，但斜率不一樣，電阻較高。鄭崇華再建議：「做厚一點，單位面積的電阻值就降下來了。」果然，乾坤突破技術，做出和原來材料不同，含有白金但不是純白金，且厚度增加的白金感測器，成功申請專利。

一般家庭使用的烤箱，用過後都會殘留油漬，不容易清理，烤箱製造廠商便推出所謂的「自動清洗功能」的烤箱，設計將溫度升高到 550℃，讓烤箱內殘存的油漬揮發汽化。

原本發明白金專利的公司因感應器白金太薄，反覆高溫加熱後會產生物理變化，電阻值也改變了，可靠性不適合烤箱自動清洗的應用；而乾坤獨家研發的感測器，遇高溫不會產生變化，訂單都轉到乾坤，「塞翁失馬，焉知非福」，乾坤靠著這項獨家專利，曾創下歐美家電市場 60％的規模。

鑽研「輕薄短小」創造商機

乾坤在薄膜電阻研發出高精度的產品，但奠定乾坤成功的

利基，則是轉進電腦資訊產業領域，找到了出路。

　　薄膜電阻是高精度的產品，價格高但市場小，設立初期，薄膜電阻訂單不少，但受到日本泡沫經濟影響，Susumu 訂單開始減少，營運非常艱辛，乾坤虧損好幾年。

　　為了開拓市場找商機，劉春條拜訪電腦界的朋友們，展示乾坤薄膜電阻的產品技術。對電腦來說，不需要很高精度的產品，但一九九〇年代全球筆電市場開始興盛，但在那個年代，所有零件都做得很大，他們坦言：「做筆電最困難的是，要把許許多多的零件擺進大小已經固定的機盒子裡面。」

　　因為薄膜電阻可以做得非常微小，劉春條以早先乾坤做的熱感式列印磁頭為例，一時就可以做高達 400 個薄膜電阻，但是如果將電阻做到那麼小，當時的表面黏著機無法處理那麼小的元件，由於電腦通常以 8 個 bit 作成 1 個位元組（byte），「我們可以把 8 顆電阻集成做成一個模組（尺寸約為當時一個電阻的大小），」他把概念用手簡略地畫出草圖，跟筆電工程師提案解說，「幫你們開發這種東西，不知道這樣對你們設計筆電有沒有幫助？」

　　沒想到，對方聽了他的提案後，就應用設計出一款新的筆電，並打電話告訴劉春條依照他的概念，把筆電設計出來了。劉春條大驚：「我們的實體還沒做出來。」但對方說：「請務必要把那個零件做出來，這款筆電六個月後就要量產。」

於是乾坤全公司動員卯盡全力做出產品，成為全球首創將薄膜電阻產品應用在筆電上，「全世界只有我們做，就可以依照我們訂的價格，」劉春條說，這個經驗讓他們發現，「在工業上輕薄短小（的產品）是可以賣錢的，而且東西做得愈小，價錢愈高。」

乾坤開始專注研究微型化技術，也讓乾坤轉危為安，成為台灣極少數具有生產高精度、高密度感測元件和被動元件能力的廠商，創造獲利佳績，搖身一變成為台達轉投資的績優生。

建立競爭高門檻，失敗經驗亦可貴

「不要以為我什麼都會，我也無法判斷產品做出來是不是可以大量生產。」鄭崇華坦言，在發展成長過程中，台達嘗試許多產品和合作投資案，失敗的例子也不少；雷射影碟機就是最早的例子。

一九八〇年台達在美國成立辦事處後，成功開拓飛利浦北美業務，後來飛利浦設計出一款雷射影碟機，由台達電供應、開發各種零組件，當年參加芝加哥電子展，備受矚目。但因飛利浦把讀取碟片的精密度門檻設得太高，導致機器挑片，只能讀取飛利浦生產的碟片，量產上市後不敵日商而黯然失色，台達做了白工。

另外，在背投影電視、電子紙、監視器等產品上，也都陸

續宣告退出市場。

在轉投資事業上，失敗案例也不少，例如，和工研院合作、後來獨立出來生產太陽能板的旺能光電，因太陽能板原料價格暴跌導致營運不佳，後併入新日光（新日光又於二〇一八年與其他公司合併改組為聯合再生能源）。又如，和日商 Yuasa 合作製造鎳氫電池的湯淺台達，因市場前景不明，加上和日方理念不同，股份賣給日方後退場。

在失敗中求經驗，在科技快速進步的時代，要不斷尋找、開發具競爭力的產品，「要一邊做一邊學，累積經驗和技術能力」，擁有高門檻的技術水準，公司才有機會成長，永續經營。

台達董事長海英俊曾公開分享台達電子基業長青的祕訣，他說：「太容易做的東西，不要做。」以台達經營成效來看，愈難的技術，愈能立於不敗之地，「太簡單的，誰都可以做的東西，取代性、淘汰性都高。」

鄭崇華不諱言，創業之初他就堅信，一定要憑技術和品質取勝，要有技術和品質的高標準、高門檻，做和別人不一樣的東西，才能在激烈的競爭中，突圍而出。換言之，創新、獨特、困難的產品，就是台達專注的目標，也是能引領產業的成功之道。

鄭崇華的經營心法：

● 找到對的產品，培養技術能力，創造高度競爭的門檻，不做惡性競爭的市場和產品，是鄭崇華開拓藍海市場的策略，讓台達始終穩站領導地位。

● 大客戶通常都很挑剔，會有許多嚴格的要求，但只要勤於溝通、了解箇中原因，反而可以讓自己增進技術，變得更好。

● 做和別人不一樣的東西，才能在激烈的競爭中，突圍而出。

● 憑技術和品質取勝，創新、獨特、困難的產品，就是台達專注的目標，也是能引領產業的成功之道。

09　知人善任，用真心回饋員工

　　透過員工的滿足和全心奉獻提供價值給客戶，是台達努力的目標。「一家公司如果員工沒有得到合理的對待，工作沒有成就感，也不以公司成長為榮，即使公司再賺錢，也沒什麼了不起，更不值得驕傲。」

　　「台達都是他們『做』出來的。」鄭崇華口中的「他們」，是早年和他一起開創台達，打下江山的退休老員工。

　　二〇一六年，鄭崇華和太太喜迎八十大壽，幾位元老級幹部送他一份很特別的生日禮物，一本八開本、重達兩公斤的「鉅著」，喜氣的紅色幀布精裝書，封面寫著「感恩與祝福──那些我們一起在台達的日子」，寫下過去在台達和鄭崇華互動的點點滴滴，把感恩化成對他的生日祝福。

　　「我看了眼淚都流出來了！他們說感謝我，我更感謝他們。若沒有他們，台達絕對不會做得那麼好。」簡單的一段話，道盡他心中最深的謝意。

從十五名員工開始奠基

一九七一年創業時，鄭崇華從原東家 TRW 帶走兩個人——許美華和許仁慈，一起加入台達。「我管生產線時，她們倆都是領班，做事非常靈光，不比大專生差，很負責任，非常可靠。」鄭崇華說，外商重視學歷，初中、高職學歷的她們，升遷機會相對較少。

「外商作業員月薪 720 元，本地一般紡織廠才 400 元。」許仁慈清楚地記得五十年前工廠的待遇，她們放棄外商優渥的薪水，因為「鄭先生是一位可靠的主管，」憑藉著對他的信任，加入台達，一切從零開始，他們招兵買馬，從十五名員工開始奠定基業。

「想不到，這是我人生中最重要的決定。」回憶當年，她充滿感激說，早在 TRW 時，鄭崇華鼓勵她利用餘暇進修完成相關課程；到台達後，她負責總管工作，從人事、薪資，再轉任採購部門，業務幾乎都和數字有關。

「她的記憶力好得不得了。」剛創業時公司規模小，鄭崇華什麼都自己做，業務、設計、工程、催料，有次要跟一家供應商採購材料，他叫住正經過的許仁慈，「這是電話，你幫我催料。」下一次又碰到要跟那家公司叫貨，鄭崇華正準備找電話號碼，她直接拿起電話撥號說：「我記得。」

以前沒有電腦，鄭崇華經常隨口問她：「庫房裡有什麼材料？數量多少？還差多少？她都很快計算出來；連擺放位置，都清清楚楚。」台達規模愈做愈大時，增加好幾倍人手，但「三個人也比不上她一個人」。

像許仁慈這樣的員工，從年輕就在台達效命，有些甚至一人身兼數職，而成為優秀的各階幹部，是撐起早年台達的公司「台柱」。至今，他特別感念這群資深員工，真心關心公司的利益，全力付出。

以公司利益為優先

從 TRW 到台達，許仁慈和鄭崇華共事四十五年，她剛正不阿的態度，初期擔任總務，兼管人事，在採購業務一做四十年，因熟諳商場談判之道，為台達節省許多成本。

一九八二年，Panasonic 發展出一套當時最先進的自動化設備，來到台灣舉行機器展，那時負責工廠機器設備的劉春條就去看展覽。

「他對新技術、新東西很執著，是很特別的老闆，對員工非常寬容，也給員工自由發揮的舞台和空間。」一九七九年退伍後就加入台達的劉春條，在台達集團服務四十二年，如此形容鄭崇華。

沒想到，鄭崇華就讓他去議價，對方一聽出價，擔心會破

壞行情，雙方斡旋許久，劉春條說服對方：「機器還要花運費運回日本，很麻煩，賣給台達也沒有損失。」對方打電話向公司請示後，Panasonic 同意台達開出的價位讓售。

回公司後，他們跟負責採購的許仁慈談起買機器過程，聽完她淡定地說：「我去談，還可以殺價。」他們覺得買得夠低價了，勸她「不要再還價了」。

她出馬後，跟對方說：「你們對台達很好，願意賣這個價錢，機器留在台灣，我們會好好用它，我們老闆很信任你們的品質，會告訴別人你們機器很好，相信以後會有更多廠商買機器。」她二度殺價成功，用更低價買回機器。

早年曾是台達合作夥伴的湯姆遜電子零件公司前總經理林子偉，在台達內部刊物提及，他尤其讚賞許仁慈，「成功地扮演台達和廠商間的橋梁」，相當有技巧地幫公司爭取每一份利益，在廠商遭遇困難時也會出面維護對方的權益，由於「落實買賣雙方是平等的原則，因而贏得廠商敬重，而願意全力配合。」

用信任建立員工信心

「鄭先生很信任我們。」這是老員工常掛在口中的話。

初期，鄭崇華都自己做樣品，許美華經常看著他做，顯得很有興趣。鄭崇華簡單講解，起初她聽不懂，但很專心聽，也

很靈光。「很多儀器她都沒見過，但一教就會。」

「之後，鄭先生從大同拿了一套日本東芝零件樣品，有十幾種不同規格，交給我做，在他的指導下，我很快地完成，交給他檢查後送樣。」許美華說，原本她忐忑不安，害怕出錯會影響公司信譽，但他鼓勵說：「這些東西在大學課本上也只有幾頁而已，很多東西都是靠經驗學習來的，只要注意幾個重點就好。」

「她真是個天才。」鄭崇華說，以前在 TRW 教專業的工程師做，總是一改再改，但她只有初中畢業，在公司學歷最低，電子電學基礎科學都不懂，沒想到所有樣品全部通過測試。當聽到消息時，她高興得睡不著覺！

「鄭先生不計較學歷，大膽用人，讓我有機會學到很多連大學書本都沒有教授的經驗。」許美華感激地說，也因此讓她信心大增。

後來大同自行研發生產 12PC 機種時，他就放手讓許美華到大同開發處上班，獨當一面，只要工程師要一個規格線圈，就立刻在現場做給他們試，在很短時間內和大同合作開發出第一台國人自行設計的 12PC 黑白電視。

原本台達極力爭取飛利浦黑白電視機線圈訂單，但遲遲沒有結果，某一天，由日本提供的線圈發生問題無法解決，而求救於鄭崇華，問他願不願意幫忙解決問題。

鄭崇華雀躍不已，急忙要趕去飛利浦。當時許美華聽到後說：「鄭先生你是老闆，我來做吧！」由於攸關訂單，茲事體大，他有點遲疑，但她說：「你要信任我，我有能力做。」鄭崇華看她自信心十足，還是讓她去做。

到了下午，鄭崇華抱著「去看看她做得如何」的想法到飛利浦，沒想到，才幾個小時，她設計的東西已被飛利浦認可。他的充分信任，讓許美華更有信心，成為他早年創建台達的得力主管之一。

除了工程部之外，在六堵廠創設後，她更獲得器重，擔任生產管理的工作。即使惶恐不知怎麼做，她也會到處問人，學習勝任。

「每次和 RCA 大老闆會面，他總是問：『有個矮矮小小的女孩，有沒有找她來？』」鄭崇華肯定她的能力，每次跟客戶談價格，都要她一起去，「她一句英文都不會講，但她會思考我們談什麼問題，幫我解決好多問題。」

「他們需要的是信心，只要教一些方法，都能委以重要的工作。」鄭崇華說，對員工信任，是因他們勇於任事，經常主動說：「鄭先生讓我來做吧！」「鄭先生不要擔心，我們可以做到。」「鄭先生，我們來想辦法。」當年台達很多員工都是這樣的性格，很多事情都不要鄭崇華操心，只要他們說出的承諾，就一定會實現。

誠信正派，沒有辦公室政治文化

「我們是很正派經營的公司，也是靠他們建立的。」鄭崇華說，有一回，RCA 下了大筆訂單後，台達就同步向日本供應商預訂原料半成品，但備料後，RCA 突然告知取消訂單。

他很緊張，怕資金周轉會有問題。「買了多少原料？趕快問他們做了多少？」「後續該怎麼處理？」拋出連串問題問許仁慈。「鄭先生，廠商做好的東西，我們都要買下來，因為信用很重要。」她建議道。

由於 RCA 的訂單量大，原料不少，他把那批原材料設計到其他廠商的產品上，才逐漸消化；但台達信守誠信的原則，充分獲得客戶肯定。

這件事，也讓他思考原材料標準化的重要性，採購標準化產品，可以利於調貨和庫存管理，可以快速地打進許多大廠的供應鏈。而重視效率的鄭崇華，很早就引進統一採購概念，有效降低成本和時間，領先業界的做法，讓其他企業紛紛仿傚跟進，可見他眼光獨到。

員工做事都很正派、務實，「台達從沒有人貪汙，不正派的人不可能在台達生存，」鄭崇華笑了笑坦承，「就算有，也會在我知道前，很快就把『壞人』弄走。」

以前在外商，他發現，每個人都希望升遷，內部競爭很嚴

重，而形成「辦公室政治（office politics）」。但台達，沒有派系爭鬥，任用許多從外商，像惠普、飛利浦來的人，他們選擇台達，是因為沒有「辦公室政治文化」。

「不要叫我董事長，這只是法律上的名稱，大家在職務、權利上，都是平等的。」從創業開始，他堅持要員工都叫他「鄭先生」，因為開業時，「只是十五人的小公司，我都不好意思把頭銜印在名片上面。」而且，一開始都是他親自跑業務、送貨、送樣，跟員工做一樣的事。

一九七八年即進入台達從事業務工作的謝深彥記得，早年鄭崇華親自騎著腳踏車、摩托車送貨，以前新莊、桃園一帶許多道路都沒有鋪柏油，「騎了一天車子，灰頭土臉，客戶的警衛都不肯放他進去，連採購經理都認不出他來。」後來他隨身帶了條白色毛巾，見客戶前，先擦把臉。謝深彥和其他業務人員紛紛傚尤，形塑「白巾特攻隊」的精神，成了早年台達業績先鋒的寫照。

原本沒有創業的想法，意外走上創業之路，他經常擔心「明天、下個月、或明年生意能不能做起來，公司會不會倒閉」，他心中的掛念是，「這些同仁跟我一起打拚，就像我的兄弟姐妹一樣。」言下之意，他在意的創業成敗，已不只是他個人的事。

知人善任，賞識員工的優點

鄭崇華有很強的觀察能力，人的優、缺點都看得很清楚，他認為，每一個人都有長處，主管要多看員工的優點，把人才用在對的地方。如果每個人的優點都能被發掘出來，會有更大的發揮空間。

「很多人才流失，是主管不了解他的價值。」他說，人才難尋，但沒有不能用的人，重要的是，「要把人用在對的地方。」如果把人放錯位置，員工做不好就會離開，這就是主管的錯；「就像你讓木匠去做泥水匠，做不好還怪他。」

知人善任是鄭崇華最讓員工嘆服的優點，他經常思考如何用人，有的人不適合做管理工作，但做工程很有想法。例如，鄭崇華觀察出許榮源的特質，「他把車子、桌子都整理得非常乾淨、整齊，就知道他心思細膩，很有紀律。」他認為許榮源能勝任管理工作，因此拔擢為管理部主管。像是營建處總經理陳天賜，蓋廠房速度快、品質好又便宜。

為人正直是台達對員工的基本要求，對客戶正當嚴厲的要求更是欣賞，許多客戶因而受鄭崇華延攬加入經營團隊，例如，IBM 前採購主管熊宇飛、全錄的品管主管，都是對台達要求嚴苛甚至挑剔的業務往來夥伴，後來也加入台達大家庭。

最經典的例子就是前台達總經理黃光明，原任職飛利浦，

經常到台達工廠驗貨，對品質要求很嚴格。鄭崇華借重他對品管的堅持，聘為泰國分公司負責人，提升泰國廠品質水準，成功打進歐洲市場；在泰國廠歷練十年，二〇〇〇年一月進一步擢升台達總經理。

員工還會為公司找人才、為自己找「老闆」。台達股票快要上市時，孫秀鸞自覺責任重大，擔負不起，建議鄭崇華聘任會計經理，最後還是她找到有會計專業背景的一位經理人。像柯子興，曾任 RCA、增你智和中鋼公司，一九八八年進入台達任採購經理，就是許仁慈推薦的人選。

他用人不會著重學歷，早年任用的員工、幹部，學歷都不高，但能力都很強，像許美華只有初中畢業，比大學畢業生還優秀。許榮源赴美深造前是新竹高工畢業，但底下很多博士、碩士畢業的同事，都非常信服他。

目前帶領能源基礎設施暨工業解決方案事業群的總經理張建中，畢業自台北工專，算了算他轄下事業群，具博士學歷的高達五十多位，他在台達三十年資歷，獲得無數專利及研發獎項，深具研發實力和領導能力。

充分授權，全力支持員工

早年的會計孫秀鸞，辦事效率很高、溝通能力強，又是算數的強手，她和另位會計人員陳穗麗備受鄭崇華重視和信任，

兩個二十來歲的女生，從土地買賣、訂定銀行契約、保險條款、建教合作、承租廠房租約等細節，和銀行交涉、簽訂數百萬元的高額貸款等，充分授權，完全放手讓年紀輕輕的她們負責。

為了拓展外銷業務，早年即由公司出錢送兩位年輕女生飄洋過海，到香港進修學外匯兌換的專業知識。

因財務需求，早年，台達由某家外商銀行台北分行提供押匯額度。

某一天，陳穗麗接到銀行一位副總經理的電話要她到銀行去，表明第四季出貨總額少了 1,000 萬元，要縮減台達的結匯金額。但她認為，出貨有起有落，不能接受銀行縮減額度的做法，據理力爭並希望能回公司後向老闆報告，但銀行不肯退讓，要求她當面打電話給鄭崇華。她很為難，但在對方堅持下撥了電話，鄭崇華和對方通話後，要她接聽電話。

鄭崇華對她說：「我跟副總談過了，也告訴他，由你決定要不要接受他的條件。因為工作的人是你，你的決定就是決定，不必回來跟我商量。」她當下回絕對方，不接受銀行不合理的條件，而台達從此不再和這家銀行往來。

「那天出了銀行大門後，我一路哭回公司。」陳穗麗回想當年，二十幾歲的年輕女生能得到老闆如此信任、尊重和支持，她感動得流下熱淚。

三十幾年前，孫秀鸞就對陳穗麗說：「我們跟對了一個好老闆，更勝過嫁了三個好丈夫。」她們在台達一直做到退休，沒有換過老闆了。對員工來說，鄭崇華不只是上司，更像兄長、老師和朋友，攜手帶著他們一起成長茁壯。

鄭崇華曾經為了開發 EMI Filter，一個人全球送樣認證、拿安規、跑訂單，一年 365 天有一半時間不在公司，公司大小章、大小事都交給員工處理，員工笑稱「公司被賣了，他都不知道」。

但「上了戰場，沒有了他們，仗是打不起來的。」周友義形容這批草創期的幹部，猶如台達的士官長。

就是有這一群創建台達的死忠的老員工，不僅傳承了鄭崇華的工作精神，以及質樸、務實的特質，甚至把台達當成自己的事業拚搏，勞資一體，相敬互信。

他強調「公司是人的組合，人人代表公司」的觀念，員工應自問「如果我是老闆的話，我會怎麼做，才能為公司取得最大最長遠的益處」，站在公司的出發點。

知人善任，用對的人，並充分授權，讓人才適才適所，充分發揮特長，即是台達在業界勝出長青的關鍵。

最好吃的雞腿，用心激勵員工

「還差多少？」以前，每到月底，台達公司的生產士氣、

工作效率總是特別高，員工都在關心達成目標的進度，甚至最後一天，每小時都在計算差額。

台達因資金有限，因月底和月初交貨，貨款相差一個月入帳，為了趕在月底出貨，或為了達成目標，幾乎全公司員工出動，不分部門，大家都放下手邊的工作，主動到生產線幫忙趕工，甚至連老闆也下場助陣，整個工廠都「動」起來，全員趕工交件，「有時候貨還熱騰騰的，就被搬上卡車。」許美華說。

每到月底，每一條生產線上，員工忙著繞線、理線、銲錫、上膠、上鐵芯，到最後檢查、包裝，每一個流程都仔細核對，不論訂單多寡，總是在最後一刻達成目標。

早年，除了實質的獎金獎勵工作績效之外，還有一項激勵辦法，只要達成每個月的目標，就會犒賞全廠員工吃雞腿，外加一瓶養樂多，以慰勞員工的辛勞付出。

劉春條記得，「那時候，一個月業績達到 1,000 萬元，每個員工就有一隻雞腿可以吃。」在物資貧乏的八〇年代，雞腿更顯彌足珍貴。「如果沒有達成目標，沒吃到雞腿，反而會覺得很丟臉。」許美華回憶當年說，每到月底同事甚至會打聽哪個廠有雞腿吃，成為各工廠間的競爭力，和員工凝聚的力量。

「那是世界上最好吃的雞腿。」當年的台達老員工的記憶中，雞腿美味、暖心的滋味，代表的不只是成就，還是榮譽，再辛苦加班也要達成目標的團隊合作精神，他們懷念的是一起

拚搏的革命情感。

　　一隻雞腿、一瓶養樂多，是鄭崇華對待員工的溫暖心意，凸顯一位企業領導者用心經營企業成功的特質。他也曾多次對員工這麼說：「只要我有一碗飯吃，你們也會有一碗飯吃，絕對不會虧待你們的。」

　　他認為，透過員工的滿足和全心奉獻提供價值給客戶，是台達努力的目標。「一家公司如果員工沒有得到合理的對待，工作沒有成就感，也不以公司成長為榮，即使公司再賺錢，也沒什麼了不起，更不值得驕傲。」

　　用心經營企業，讓公司賺錢回饋員工，是他認為一位創業者應有的道義和責任。從創業第一年就開始賺錢，台達成立至今五十年來，財務報表從沒有出現虧損的情況，是他創辦事業一直努力不懈的目標。

鄭崇華的經營心法：

- 主管要多看員工的優點，把人才用在對的地方。如果每個人的優點都能被發掘出來，會有更大的發揮空間。

- 很多人才流失，是主管不了解他的價值。如果把人放錯位置，員工做不好就會離開。

- 知人善任，用對的人，並充分授權，讓人才適才適所，充分發揮特長，即是台達在業界勝出長青的關鍵。

- 一隻雞腿、一瓶養樂多，是鄭崇華對待員工的溫暖心意，凸顯一位企業領導者用心經營企業成功的特質。

10　快速敏捷，使命必達

> Delta，是希臘字母，用於數學上，代表變數。Delta，是台達電子創設初期即命名的公司英文名稱，在瞬息萬變的變局中，就是要能快速、敏捷的應變，才能洞察趨勢，掌握機先。

決策快速、目標精準，是鄭崇華治軍帶領台達成長，最為人稱道之處。五十年來，台達即不斷地創新求變，順應變動的世界。

帶動台達飛速成長的「火車頭」

「他就像火車頭一樣，帶著大家往前衝，速度之快！」前中達－斯米克董事兼總經理王其鑫曾如此形容鄭崇華。而台達這個火車頭一啟動，就帶動成串的車廂，一起高速朝向遠方的目標前進。

一九九〇年秋天，台達高階主管召開一場策略會議，會中訂出「三年後營業額突破 100 億元」的目標。當年，台達營收不過 30 幾億元，面對高難度的挑戰，與會主管面面相覷。

但三年後，台達營業額果真衝破百億元。這不是第一次如此神準的目標規劃，不論目標多少，只要他喊出來，員工一定不辱使命。

一九八六年，台達業績達到 10 億元的里程碑，台北辦公室員工高興不已，特地買了一個大蛋糕慶祝，邀請鄭崇華切蛋糕，分享歷史性的一刻。

鄭崇華看著蛋糕上「1,000,000,000」的數字，拿起刀子把「1」改成「2」，微笑地說：「這是我們的下一個目標。」「20 億元！怎麼可能 ?!」現場每個人都驚呼。但神奇的是，一九八八年業績就做到 28 億元，連員工都覺得不可思議。

「不論老闆編列目標多少，我們總是在月底或年底的最後一刻達到目標，完成他交付的任務。」當年負責六堵廠生管和物管的許美華說，以前每週五要出外銷的貨，通常週三、週四下午她就會帶著生管、物管人員到生產線幫忙趕貨，一群人一上樓，領班就知道「他們來催貨了」，工作效率特別高。

全體員工的向心力很強，部門和部門之間的合作關係緊密，什麼工作都做，從生產線、物料、人事、廠務，甚至廚師都可以相互支援，幾乎都沒有怨言。

早在七〇、八〇年代，許多員工，甚至廠長都住在宿舍，「有時候連著一個月都不出工廠大門一步，」一九八〇年進入台達的呂學明印象深刻，工作忙碌時大家幾乎都「以廠為

家」，「若有緊急狀況，幾個人吆喝一聲就處理掉了。」同事之間默契十足。

員工有這樣的拚勁，是因為老闆擁有過人的耐力和體力，不敢稍有鬆懈。一九八〇年進入台達的前中國區總裁曾紀堅，面試當天就見識到了。「那天我到公司面試，結束後，剛好設備有一些問題，就跟著鄭先生在工廠解決問題，一直到晚上 9 點才搭他的車回家。」

「他一生唯一的興趣就是工作，」周友義身為多年合作夥伴和老友這樣形容鄭崇華，早年甚至「常常接到鄭太太的電話，要我勸勸他不要每天這麼晚下班，因為這樣會影響員工太晚下班。」

老闆逼功一流，員工使命必達

和鄭崇華共事多年的老員工，都不得不佩服他的「逼功」，激發員工潛能，鄭崇華的「急性子」，常顯現在要求「效率」上，但因為有一群如同家人般的員工，機動性強和不怕勞苦的拚勁，能夠使命必達，造就了台達成功的基因。

隨著訂單愈來愈多及人力增加，一九七三年，台達從民安路 55 號搬遷到相隔不遠，連著兩棟的三層樓公寓。下了班，每個員工自動自發幫忙搬家，推著「力阿卡」（日文諧音，意指兩輪的人力手拉車）把公司所有設備、機件，搬到新辦公室。第

二天一早，新工廠就開始運作。

一九七七年，台達在桃園龜山工業區買下占地 1,000 坪的麵粉工廠，比舊工廠大上幾十倍。負責會計業務的孫秀鸞記得，當年以 600 多萬元買下工廠，但台達資金有限，由於原工廠有 400 多萬元貸款，承貸的華南銀行，二話不說，把貸款直接轉給台達，在華銀的幫助下，讓台達擁有第一棟自有的工廠。

一九八〇年代，台達成功開發電源供應器後，擴充了好幾十倍的桃園廠也很快就不敷使用，找到人力較充裕的六堵工業區。

一九八五年剛搬遷到六堵廠時，鄭崇華把業務部人員從桃園廠叫到六堵新廠參觀，在繞了一大圈之後，面對空蕩蕩的廠房對業務人員說：「你們看，這三層樓的廠房像空火車廂一樣，你們什麼時候要幫我們填滿？」

站在一旁的李健民頓時覺得壓力好大，頭皮發麻：「我不知道何時才能拿到訂單，餵飽這個廠。」其他人面面相覷，心想：「工廠這麼大，怎麼可能短期內就填滿?!」但神奇的是，不到兩年，六堵廠生產線就因訂單爆增而滿載，只好另覓分廠。

快速行動力，十天重蓋一間工廠

台達成功的關鍵之一，就是快，凡事要求快速。

「為了消化六堵廠訂單，我們決定到金山開分廠，從和屋

主議價、打合約、整修廠房、辦理工廠登記證、招募作業員、運送機器設備及材料物料，到上線運轉生產，前後只花了十四天時間。」當時負責機具設備的曾紀堅回溯過往，仍覺得不可思議。

當年公司作成決策後，第二天，他和許美華以及人事部的羅佳烘三個人到台北縣金山鄉（即現在的新北市金山區），挨家挨戶敲門，打聽哪裡有房子出租，當天就找到合適的地點。

但擴廠的腳步仍趕不上訂單業績的成長速度。那時，「只要有人（工）的地方就去設廠。台達據點已分布在新莊、九份、金山、五堵、六堵、七堵和桃園，有七個分廠，一步一履，都是員工胼手胝足打拚出來的成果。

而平鎮廠，更只花了十天時間即建置完成。

一九七八年就進入台達的營建處總經理陳天賜，一進公司就被賦予新建廠辦的任務，四十餘年帶領營建處至今。他記得，一九八八年中壢廠仍在興建中，當時聽說平鎮廠一家專門做芭比娃娃的工廠要關閉，當年缺工嚴重，為了接手那間工廠的兩、三百名員工，當時台達租下一間藥廠，卻發現廠房隔間太小，不合用，必須打掉重蓋。

但眼看距玩具廠資遣員工的日子只剩下十天，若沒有工廠可運作，這些作業員就要流失了。

「怎麼辦？」鄭崇華緊急召集廠長、財務、總務和陳天賜

幾位主管開會問道。苦無對策，大家都沉默不語。鄭崇華望向陳天賜。「也不是不可能，但我要有錢用。」陳天賜拋出一線希望，並解釋，依規定財務部要看到包商開的支票才會給錢，但時間緊迫，如果按照規定、走正常流程，很難做事。

鄭崇華對他說：「沒問題，一切包在我身上。」有老闆的一句話做保證，第二天，包商找來工人日夜趕工，陳天賜每天守在工地現場監工，一收工，立刻發工錢。十天後，平鎮廠如期完工，完成不可能的任務。

決策靈活、全力以赴，成功致勝之道

「交貨要快、送樣要快、對客戶的服務要快。」許榮源舉例說，同樣的設計圖，客戶送到台達和其他供應商，台達樣品都完成了，其他公司還在內部討論協調；若是客戶要求提前交貨或增加需求量，台達人會全員出動，採購會盯著協力廠商，以確保原材料順利供應；生技、品管人員全力配合生產線加班，甚至通宵趕貨。

創業初期，鄭崇華經常是一個人在國外跑業務。他發現，例如和美商合作，美國總公司直接下訂單，價錢會比台灣分公司來得高。

但時空距離都遙遠，當時沒有傳真，只有電報（telex）打字，但圖面資料無法傳送。白天跑完業務後，密集見不同客

戶，晚上回到旅館後，他就打電話回台灣交代許美華，她一邊聽一邊記下規格，搶先把樣品做好，再快速送出樣品。

有一天，鄭崇華剛與當時最大客戶 RCA 談完業務，一回公司就找許美華說：「RCA 要求降價，不然就要把訂單轉走。」他接著交代：「試著更改材料，還有降低生產工時。」

當天晚上，許美華立刻加班，在不影響規格的情況下，把所有產品的材料變更，第二天就送到 RCA 檢查，同時，要求生技課降低生產工時，以降低成本因應客戶降價而順利保住訂單。「以後，每次碰到客戶要求降價的同樣情形，各部門都能以最快的速度配合，才能達到需求。」許美華對當年同事能毫無怨尤地配合，仍充滿感激。

就是這樣快速的決斷力、行動力，加上人人全力以赴，是台達能掌握機先，成功致勝的要素。

曾擔任台達顧問的志村文彥長期觀察、分析台達日新月異、逐步成長的原因：嚴肅認真討論的態度——公司上下全力集結，不分職務高低、年資經歷，都能毫無顧慮地交換竟見，而且製作規則、路線和圖表，都非常靈活且快速。重要的是，台達建立「不說不」的原則，即使遇到再大的難題和困境都堅持不說不，要想辦法克服和解決，以突破困難。

全球化布局，決戰國際舞台

一九八八年，台達股票掛牌上市，正逢「台灣錢淹腳目」的經濟榮景，也因金錢遊戲鼎盛，導致勞工成本高漲、工人短缺，面臨大環境的劣勢，台達和許多企業一樣，為了解決人工問題、消化訂單，不得不跨出台灣。

邁向國際的選擇，首先相中投資環境和供應鏈相對穩定的泰國，一九八八年底，泰達電子誕生，成為台達在東南亞設立的第一個據點。

當年，台達雇用一批畢業自台北工專的泰國僑生，四月先遣部隊來到原本是海埔新生地的泰國曼谷挽蒲工業區（Bangpoo Industrial Estate），那裡原是泥灣的沼澤荒地，他們一磚一瓦搭建起泰達的基礎，半年多後廠房就完工生產，順利出貨。

中國大陸建廠的決策，則是台達繼泰達之後的全球化布局版圖，奠定台達近三十年成長最強而有力的推升助力。

一九九二年四月，曾紀堅帶著公司交付的使命，經香港轉進中國東莞石碣考察。四月二十二日，就簽下了設廠合約，正式啟動台達「過唐山」的開端。

「簽約之後，大家就積極準備設廠，不分上下，白天一起到工廠旁的東江挑水洗廠房；晚上，貨櫃來了，一起卸貨櫃，搬材料、物料，」曾紀堅回憶近三十年前的過往，有如天方夜

譚般，「天氣燠熱，我們就在沒有冷氣的廠房內，教每個作業員如何理線、做變壓器……。大家內衣、外衣濕了又乾，乾了又濕，都毫無怨言。」在艱困的環境下，他們手把手，一步一步教當地員工如何讓整條生產線運作。

「到七月二十一日，石碣廠就完成生產出貨，送出第一個貨櫃的產品，一切從無到有，才三個月的光景。」追溯著和早期幹部王素敏等人，胼手胝足打造中國大陸第一座工廠的記憶，他很感動：「開工第二個月，石碣廠就開始賺錢。」

快速成軍的東莞石碣廠，代表著台達人全力以赴的行動力、過人的耐力和拚搏的精神，從東莞軸射到全中國大陸的布局發展，寫下台達飛躍式成長的印記。

變，是唯一的不變

誠如台達前副總裁許榮源所言，台達的成功就是「實、質、捷、合」四個字，充分展現台達人的優點和特質──實實在在、重視品質、敏捷快速、團隊合作，這就是台達的企業文化和精神。

五十年前，台達從新莊水田旁的兩層樓民房起家，一間僅有十五名員工的小公司。服務年資長達五十年的元老級員工陳滿妹，回想起當年，身材苗條的鄭崇華騎著腳踏車、50CC「小綿羊」機車上下班或送貨，在水田間行進，刻苦、勤奮、全力

以赴的身影，仍歷歷在目。

半個世紀後的今天，台達已蛻變為全球擁有八萬多名員工，海內外據點近百個，遍及亞、歐、美、澳、中東及非洲；從無到有，從線圈到全方位的方案解決者；從一年 700 萬元，到如今全年營收近 3,000 億元，成就一個輝煌耀眼的台達王國。

Delta 的精神就是變，而變就是台達唯一的不變。

鄭崇華的經營心法：

- 台達成功的關鍵之一，就是快，凡事要求快速。

- 快速的決斷力、行動力，加上人人全力以赴，是台達能掌握機先，成功致勝的要素。

- 「不說不」的原則，讓台達即使遇到再大的難題和困境，都會想辦法克服和解決，以突破困難。

- 「實、質、捷、合」四個字，充分展現台達人的優點和特質──實實在在、重視品質、敏捷快速、團隊合作，即是台達的企業文化和精神。

Part III

精進

——唯有不斷創新，才能永續經營

創新，為生活帶來改變，創造更美好的未來。研發、創新，就是台達成為全球電源管理龍頭的核心價值。

從替客戶製造設計（ODM）到建立自有品牌，從零組件到系統解決方案，成為全方位電源管理與節能解決方案的提供者，台達每一次轉折，都秉持不斷創新的精神，緊扣鄭崇華始終如一的環保、永續信念，致力於節能減碳的關鍵核心技術與應用，以精進不懈的精神，讓下一代有更好的生活和未來。

11 洞燭機先，創新一定要夠快

> 台達是全球效率第一的電源製造大廠，在電源供應器市
> 場始終穩居龍頭地位，創新的研發力，持續引領世界創新的
> 腳步，這種精神來自於台達有一位不斷精益求精、喜歡改東
> 改西的創辦人鄭崇華。他秉持的信念是：台達要一直走在人
> 家前面，而不是只做一個追隨者。

為社會節電，躍居電源供應器市場龍頭

台達創立於一九七一年，一開始是做電視機零組件，供應
給大同、RCA 等客戶，是典型的台灣中小企業，後來隨著個人
電腦的發展，開始投入電源供應器的研發，一直到今天，成為
能源系統解決方案的提供者。這些年台達聚焦在「電源及零組
件」、「自動化」與「基礎設施」三大業務範疇。在全體員工努
力下，如今不少產品都有不錯的市占率，二〇二一年，台達全
球營收首度超過 100 億美元。

鄭崇華認為，五十多年來，台達有幸跟上科技產業快速發
展，一起改善台灣的經濟狀況和民眾生活品質。但他始終認

為，台達能有這樣的經營成果，必須感謝李國鼎、孫運璿等具備遠見和魄力的官員，在早年為產業發展所建立的良好基礎。

而當科技發展愈來愈快，從事電子行業的公司，必須不斷開發新產品，才能讓企業永續發展下去。所以台達隨時保持警覺，在前個產品達到高峰之前，就積極尋找適合投入的次世代產品，替未來做好布局動作。

比方，從一九八○年代開始，很多電子產品開始使用 IC，做得更輕薄短小。可是，傳統的線性電源供應器（Linear Power Supply）還在用笨重的矽鋼片變壓器，不僅效率低、容易發熱，當時台灣的工業發展快速，能源需求每年增加，時常造成電源短缺。

發現這股趨勢，讓鄭崇華覺得，開發更輕薄短小、效率更高的交換式電源供應器（Switching Power Supply），不但是台灣社會需要的、也很符合台達的技術能力，因此開始鼓勵同仁投入電源供應器的產品開發，並且立下「環保、節能、愛地球」的公司使命。

到了二○○○年，在全體員工努力下，台達生產的電源供應器，效率都達到 90% 以上，成為全球第一的 Power Supply 供應廠商，產品應用範圍也從個人電腦，推廣到各種行業，有些電源產品的效率可以高達 95%，甚至 99%。

用好奇心觀察，創新靈感無處不在

創業以後，鄭崇華經常到世界各處跑，所有創新產品，都是旅行中跟顧客互動、觀察，從中得到靈感；對任何有趣的東西，他都充滿興趣，都會想說有沒有發展的機會。

在一邊做、一邊學的過程中，他嘗試產品的創新與製程的改善，不斷精進，獲得了許多寶貴經驗，取得市場商機。

前台中自然科學博物館館長、知名天文學者孫維新，曾形容鄭崇華「有一顆童心，不斷想著創造新事物，充滿科學家精神。」

不僅在全球電源供應器市場穩居龍頭地位，台達在直流無刷風扇領域，以及微型化關鍵零組件等也占有重要的地位。

當個人電腦成長很快，客戶常要求增加產量、甚至增加訂單，台達也會找供應商提供更多風扇零件，但時常有不足的現象。剛好有一次，某家風扇供應商邀請台達的工程師參觀工廠，促使台達開始構思投入風扇的設計和製造。

於是，台達從一九八八年開始量產直流無刷風扇。一九九八年，風扇團隊以航太工業渦輪的概念，導入不會轉動的靜葉設計，以增加風壓和導流量，使得散熱風扇效能大幅增加30％以上，加上不斷推出新品，例如超薄型的風扇設計，以及散熱系統的創新技術，二〇〇三年獲得國家發明獎法人組銀牌獎、

二〇〇八年獲得國家發明創作貢獻獎，且在二〇〇六年時，台達的風扇事業群直流無刷風扇產品坐上世界第一的寶座。在系統散熱方面，台達也有各種技術，能替全球的客戶服務。

仿生學與科技結合的創新設計

至於散熱風扇的噪音，台達也一直改善。二〇一六年，降噪靜音技術上有了明顯的突破，創新的靈感，來自於老鷹飛翔的姿態。

喜歡賞鳥的研發團隊成員發現，老鷹翅膀尾端是往上翹的，於是根據流體力學運作原理，並仿照老鷹展翅時前端凹形弧度，研究修改扇葉角度，再經由自行開發的模擬平台，把老鷹的俯衝飛行姿態和翅膀結構，透過參數化及模擬過程，將概念落實應用到扇葉的設計上。

以仿生科技創新設計的扇葉，不僅維持高效率運作，出風量變多，更讓散熱風扇的噪音，比同業的風扇減少 8 噪音音壓級（dB-A）。換句話說，六個台達仿生創新設計的風扇同時運轉，僅約等於一個傳統風扇的噪音。

台達成功研發高性能、低噪音的散熱風扇後，逐漸應用在電信伺服器到熱交換機、空調、家用型換氣扇等等各種風扇產品，大大提升競爭力。

另外，在手機輕薄化的趨勢下，要把散熱風扇裝進不到 1

公分厚的機身裡，客戶要求風扇必須輕薄僅 3 毫米，這項難題，讓台達研發部門絞盡腦汁想破腦袋。最後突破技術的靈感，是來自蜻蜓的薄翼。

工程部門研發人員再次利用仿生學概念，尋找輕薄但強韌的材料，打造出很薄卻強固的散熱風扇，解決了手機業者的痛點。

創「台達創新獎」，激勵員工動腦

鄭崇華也鼓勵員工多動腦、多動手做，積極塑造創新文化，並化成為行動，設立台達創新獎和點子銀行，以鼓勵員工個人與團隊創新研發。

例如，二〇〇八年，首創「台達創新獎」，鼓勵員工創新求變，研發對社會有意義的產品。除了技術與產品創新外，還有製造流程創新，新商業模式與新商業流程創新，二〇一六年增設專利獎，包含傑出貢獻獎、優質專利布局及發明菁英獎等，歷年已選出逾百個優勝團隊和個人專利獎，累積頒發超過 6,000 萬元獎金。

不僅鼓勵研發創新，並申請專利，以二〇二一年為例，一年即申請專利逾 1,200 件，至今，在全球已累計申請近 2 萬件專利，獲准的專利總數超過 13,000 千件。

台達的核心競爭力，即來自於技術領先；創新，是台達始

終如一的核心價值，締造許多創新成果，備受外界肯定，歷年來頻獲各種國家級的創新獎項，例如，二〇一二年，榮獲「第二屆國家產業創新獎」的最大獎項「卓越創新企業獎」、「台灣創新企業 20 強」；二〇一八年，更獲「總統創新獎」最高榮譽。

鄭崇華的經營心法：

- 創新就是要一試再試，不斷精進，只有當你做好準備，機會來臨時才能抓得住。

- 善用好奇心，可以成為創造的來源。很多時候，若能在生活中用心留意，透過對自然的觀察，形成創新設計的點子，就能把創意變成商機。

12 轉型不能停，迎向 Delta 新紀元

　　企業成功的關鍵，就是創造品牌差異化。

　　台達向來被外界認為是零組件、電源產品大廠，早在一九九五年左右，台達即建立自有品牌 Delta，立志要做台灣的工業品牌大廠，整合技術和產品。要建立自有品牌，則是 Delta outside，不僅要提升附加價值，同時要向外顯現台達的價值。這就是二○一○年，台達推動組織改造，喊出「One Delta」、「品牌元年」的源起。

　　在深藍的海底，一大群飛旋海豚與黃鰭鮪、旗魚追逐著燈籠魚群；僧帽水母隨著海流漂浮，捕捉小魚為食；小丑魚、烏賊、章魚等棲息在美麗的珊瑚礁；從冰冷的極地、深海的微光，到壯闊的海藻森林……，海洋深處的迷離世界，透過台達超高解析度的 8K DLP 雷射投影機，重現在 800 吋大銀幕上，讓人彷彿身歷其境。

　　伴隨著台北愛樂管弦樂團的現場演奏，由英國廣播公司 BBC 拍攝的史詩級生態紀錄片──《藍色星球 II 》，亞洲首演

的影像音樂會，二〇二一年十月下旬的午後，在台北流行音樂中心登場。

新科技及新技術串起的影像音樂會，喚起大家對海洋生態汙染議題的關注，對海洋、生物及地球的熱愛。

珍愛地球，重新認識台達的品牌價值

鄭崇華長期關注環境議題，是為了創造更美好的未來生活，「唯有創新，才能為生活帶來改變」，他認為應該透過不斷精進的高科技技術，設計優良的新產品，為人類帶來更便利、舒適的生活。

關注環保議題的熱情，同樣聚焦在台灣的土地上。

二〇一九年十月十日，200 吋的大銀幕架設在南投日月潭的伊達邵碼頭，播映著由台達基金會與 NHK Enterprises 合作製作的全球首部 8K 環境紀錄片《水起·台灣》，與日月潭的湖光山色同框。銀幕前排，鄭崇華佝僂專注的眼神，隨著台灣四季的水景、循著水流的軌跡，省思著地球暖化下人們生活與水的關係。

近十年來，一場接著一場 8K、4K 的環境生態紀錄片，《藍色星球 II》、《地球脈動 II》及台達自製的《水起·台灣》、《珊瑚礁魚》、《與大翅鯨同游》等，在北中南東等地各大博物館、美術館、大學及高中校園等多地巡迴放映，提醒大家正視全球

暖化議題。

台達不斷地透過與大自然連結的力量和民眾溝通，喚起珍惜愛護地球的意識，傳遞台達 Delta 的品牌價值，要從二〇一〇年說起。

二〇一〇年下半年，台北國際花卉博覽會（簡稱花博）盛大舉行，在花博真相館，900 吋超大的銀幕，運用 2 台超高規格的投影設備，循環投影播放 15 分鐘的 3D 動畫《面對台灣的真相》，吸引數百萬人次觀賞。

這是二〇〇九年莫拉克風災後，台達斥資千萬元，首次以台灣自然環境為議題製作的動畫，透過影像進行品牌溝通，為公益品牌拉開全新的序幕。

二〇一〇年台達增設品牌長，由二〇〇九年剛從大陸調回台灣接掌事業群的鄭平擔綱，成為首任品牌長。接下重任後，他設立品牌管理部，負責規劃執行品牌策略，打造品牌形象。

「回台後，我負責的第一個專案就是品牌專案。」鄭平說，建立自有品牌的策略方向確立後，為凝聚內部共識，首先就是展開全面品牌管理（Total Brand Management, TBM）專案。上任後，擘劃品牌的成長方向，同時開始對內對外溝通轉型議題，另方面，要讓外界重新認識台達。

全球金融海嘯來襲，亟思轉型策略

大刀闊斧重塑品牌，並對內對外溝通，是因為已將近四十歲的台達，需要翻轉改變的全新動力。

過去台達一直是低調的電子績優生，成立後第一個十年，在一九七〇年代領軍台灣電視零件產業，以生產電視線圈和中周變壓器產品為主；第二個十年，則研發生產雜訊濾波器和電源供應器，尤其桌上型個人電腦發展電源供應器產品成為一九八〇年代業績大幅成長的關鍵。

台達生產的電源產品，從桌上型個人電腦發展到筆記型電腦、高階伺服器、工業電腦到通訊系統，市場占有率持續升高，部分產品接近全球近半市占率，在第三個十年仍獨領風騷，二〇〇〇年成為全球電源供應器的龍頭；次年起，即積極切入消費性電子市場，包括遊戲機 Xbox 360、PS2，以及 iPod 等電源供應器訂單，以高成長姿態，持續攀上高峰。

二〇〇六年，台達銷售額來到 4,268 百萬美元，二〇〇八年成長至 5,335 百萬美元。可是，到了二〇〇九年，全球金融海嘯風暴衝擊營運，業績出現罕見衰退，跌至 4,846 百萬美元。隔年才回升至 6,609 百萬美元。

金融危機是警訊，但另一個大隱憂是：平板電腦加上智慧型手機興起，快速取代個人電腦，導致原本主宰獲利來源的筆

記型電腦電源供應器市場衰退。

公司即將邁進第五個十年，什麼是下一個取代電源供應器、推升業績成長的明星？經營團隊陷入苦思。

One Delta，創造品牌差異化

事實上，在進入二十一世紀之後，年近六十歲的鄭崇華即開始有交棒、轉型的想法。

一九九九年海英俊加入時，擔任全球策略規劃部部長負責全球策略規劃，在網路泡沫時代，在全球各地尋找投資機會。

有一次海英俊參加一場外部研討會，會中聆聽前台灣飛利浦總裁羅益強對趨勢的看法，深覺受益良多。回到公司後，他即建議鄭崇華延攬羅益強擔任董事，由於鄭崇華和羅益強是舊識，二〇〇三年起，羅益強即成為獨立董事，不只是董事，更如同策略「顧問」，對台達長期策略規劃概念的建立具有相當影響性。

網路泡沫化及金融風暴雙雙襲擊之後，下一步該往何處去，考驗著台達經營階層。面對趨勢的變局以及事業翻轉的難題，當時，亟思改變的鄭崇華，帶著高階經理人，向宏碁創辦人施振榮和羅益強請益。

台灣「品牌教父」施振榮建議：「台達必須發展自有品牌」，並提供可參考的品牌定位，甚至延請「品牌台灣」傳教

士——明基電通副董事長王文燦，進行幾場品牌講座，向台達各事業部高階主管傳授品牌。

企業成功的關鍵，是創造品牌差異化。

台達向來被外界認為是零組件、電源產品大廠，早在一九九五年左右，台達即建立自有品牌 Delta，立志要做台灣的工業品牌大廠，整合技術和產品。但過去做關鍵零組件，是 Delta Inside；要建立自有品牌，則是 Delta outside，不僅要提升附加價值，同時要向外顯現台達的價值。

羅益強則建議，學習飛利浦的「One Philips」模式，以 One Delta 為目標，強化台達內部橫向連結，大刀闊斧地改革，經營品牌的核心價值，才能整合組織變成強大的系統廠商，向國際百年品牌競爭對手飛利浦、西門子（Siemens）看齊，以獲得客戶青睞。

這就是二〇一〇年，台達推動組織改造，喊出「One Delta」、「品牌元年」的源起。同年，鄭平延攬原台積電文教基金會執行長郭珊珊進入台達擔任品牌管理部門主管。

二〇一一年底，郭珊珊就任台達第二任品牌長，正式開始塑造台達品牌形象與品牌價值。首先，策略性地以國際工業展覽會為主軸，投放展場戶外大型廣告，搭配周邊媒體載具，以360 度傳播，不斷創造被看見的價值。

二〇一一年下半年，位於台北的國立故宮博物院展出元朝

著名畫家黃公望的《富春山居圖》，這幅三百六十年前被燒斷成兩半的水墨名畫，在台達贊助下，運用先進的融接投影視訊技術，以生動活潑的 3D 立體效果呈現，在分離數百年後首度合璧展出。

二〇一三年，郭珊珊一手策劃，在當年由新竹縣所主辦的台灣燈會中，台達打造了由名建築師潘冀所設計的「永續之環」。這座高 10 米、寬達 70 米，曲面環繞 270 度的巨型屏幕，從不同角度欣賞的效果各異其趣，郭珊珊的策展概念藉易經的「恒」卦，用「日月得天而能久照、四時變化而能久成」的意涵來傳達尊重自然與挑戰未來的意念，也同時明確地闡述了台達的永續理念。更難能可貴的是，永續之環的所有建材，包括鋼材、竹材、布幕等，都在燈會結束後回收再使用，充分體現台達人環保節能的精神。

此外，二〇一五年台達更藉由基金會長年參與聯合國氣候變遷會議的豐沛實戰經驗，於當年在巴黎舉行的 COP21 規劃了台達的 21 棟綠建築展覽，並積極於周邊會議中發聲，接軌各項重要國際倡議，讓台達從自身做起的節能減碳作為，被世界肯定。

透過藝術文化、自然生態，台達不停地向外傳遞全新的品牌印象；另方面，經營團隊訂下願景，以「發展品牌事業、提供客戶解決方案」，確立長期策略規劃，要從 ODM 廠商走向系

統整合，成為系統解決方案供應商。

業務大轉型，從 IT 到 ET

　　當年，台達積極從零組件、系統供應商，跨入系統整合領域，透過自有規格和設計製造能力，為客戶提升生產力和節能效益。

　　轉型思維是，要從電力電子核心技術基礎，發展到電源、能源管理，則從資訊科技（IT）轉到能源科技（ET）；商業運轉模式，從生產零組件、委託設計製造（ODM），零組件也要做成模組化，以提高利潤；逐步擴增轉向做大型系統解決方案。

　　那是台達的組織變革，原本十幾條產品線重新整合，在二〇一一年四月，依產品類別畫分為電源及零組件、能源管理及智能綠生活等三大業務分類，這是台達成立四十年來，首見營業大轉型。

　　但要全新變革，並不容易。新組織運作一段時間後，經營團隊發現，問題重重。

　　台達過去做 ODM，以技術導向、事業部為核心，不論行銷、議價、生產，所有的主導權都握在事業部手上，這種架構有利快速接單和生產，但長年下來各自為政。加上相關業務範圍重疊，接觸客戶時會有跨組織現象，需要總部協調溝通，為加速轉型腳步，經營階層重新梳理營業範疇和各項產品，決定

從客戶需求出發，再重新畫分業務類別。

二〇一二年，創辦台達四十年之後，鄭崇華宣布退休，由董事長海英俊、副董事長柯子興、執行長鄭平、營運長李忠傑組成新的經營團隊；不僅組織，新接班梯隊也面臨調整、磨合的過程。

打造三大營運支柱

二〇一七年，是台達轉型的重要一年。

營運長李忠傑退休，由張訓海接任，替換新血，第二輪的經營梯隊產生，同時，進行第二次大規模的組織變革。

大手筆祭出業務調整手段，為了加速轉型腳步，新團隊提出內部組織大改造，從過去以產品為策略，改為以市場為導向，將事業單位則區分成八大事業群（BG），而業務範疇則調整畫分成——電源及零組件、自動化、基礎設施等三大範疇。

三大業務之中，電源及零組件仍是最大的業務範圍，占營收六成左右，轄下有電源暨系統事業群、零組件事業群、風扇暨熱傳導事業群，加上電動車方案事業群。

至於自動化，則包括機電事業群（工業自動化）及樓宇自動化（Building Automation, BA）事業群，是目前三大營業範疇中，營收比重較低的；但預期未來，在樓宇自動化事業可望快速成長的利基下，將拉升自動化的營收比例。

　　基礎設施事業包含兩大事業群，一是資通訊基礎設施事業群，二是能源基礎設施事業群，是業績三個支柱中的第二大支柱。

　　在資通訊基礎設施部分，包括全球通訊電源系統、網通系統、不斷電系統及資料中心，到電能質量管理等；能源基礎方面則相當多元，包含電動車充電設備、儲能系統、可再生能源、能源物聯網、醫療用裝置等等廣泛的產品應用領域和解決方案。

一站式購足的解決方案提供者

　　不僅組織大變革，經營策略也大轉向，品牌經營從過去的 ODM 設計製造、系統供應商，跨入以整合性系統服務導向的解決方案，包括：工業自動化與智能製造解決方案、樓宇自動化解決方案、資料中心解決方案、通訊電源解決方案、智慧能源解決方案、視訊與監控解決方案以及電動車充電解決方案等。

　　從規劃、設計到建置設施，台達建構的是可以提供一站式的服務，以全方位解決方案為客戶打造營運需求。

　　台達透過各種節能解決方案的運作模式，將環保理念落實為商機。要提供各種解決方案服務客戶，首先，企業內各事業部門橫向連繫溝通的緊密度和效率要更高，才能適切、即時地解決客戶問題。

其次，銷售的思維，也要同步改變。

「過去的工程師只要把圖畫出來，產品設計、製造出來即可，工程師也要改變，要從工程師的角度去賣系統解決方案，成為業務工程師（sale engineer），走向客戶、貼近客戶，解決他的痛點。」海英俊點出台達轉型為解決方案提供者的核心價值，以創新研發，提供客戶一站式購足的解決方案，才能成功轉型。

併購整合推升成長動力

由於建構新事業發展緩不濟急，為了要有更強勁的成長動能，近二十年來，台達透過併購，做為既定的成長策略之一。

針對全新的業務架構，是以完整產業技術，以及市場布局為目標，對於發展性高的產業，經營團隊會先檢視核心能力進行分析評估，若是發現缺口補足太耗時費力，就會考慮透過併購加速成長，以快速達成策略發展目標。

在內部訂出「One Delta」口號時，台達即陸續展開整併子公司股權，為接下來組織重整做準備。

例如，二〇〇三年台達購併 Ascom Energy System，是最耗時的購併案，也是在歐洲布局最重要的轉折，圓了鄭崇華多年來無法延伸擴大歐洲版圖的缺憾。

台達透過子公司泰達電，斥資 37 億餘元買下歐洲最大的通

訊設備製造商——瑞士的 Ascom 旗下生產高階電源供應器的子公司 Energy System，成立 Delta Energy System。由泰達電董事長黃光明負責整合，花了七年時間，才將人事、產品線、各地分公司和廠區整併完成，奠定台達在歐洲、印度、東南亞的布局基礎，在歐洲地區工業自動化、通訊電源產品等業績表現也大幅躍進。

二〇〇九年，全數收購轉投資的被動元件子公司乾坤科技在外流通的股權，將乾坤下市，成為百分之百控股的子公司。

另一個整併實例，則是達創。一九八九年台達成立網路通訊事業部，一九九九年，網通事業部門獨立成立達創科技公司，成為一家網路產品與通訊設備的設計兼製造商；達創在二〇〇七年於香港掛牌，後來因流通性不佳而私有化，台達買回後於二〇〇九年九月下市，成為百分之百子公司，二〇一九年又整合成為台達網路通訊部門。

「二〇一二到二〇一七年期間，我們都在做整合跟準備的工作。」鄭平不諱言，接班團隊上任後，透過併購擴增市場、客戶或技術的策略愈見明顯。

二〇一五年，台達斥資 170 億元，透過台達荷蘭子公司完成併購挪威電源大廠 Eltek ASA 公司的 100％股權；是台達最大手筆歐洲投資布局。全球排名前十大的 Eltek，在歐洲市場立基，客戶群遍及歐洲、北美、中東，專攻電信、雲端、數據中

心等系統電源。

同一年，台達在樓宇自動化領域併購 LOYTEC 和 Delta Controls 兩家樓宇自動化公司，百分之百併購羽冠電腦，導入工廠製造執行系統（MES）等相關核心系統整合能力，在工業自動化領域垂直布局，加速轉型為智慧製造整體解決方案提供者。

在樓宇自動化業務範疇中，安全監控是相當重要的一環，二〇一七年，公開收購在安全監控領域逾二十年的上市公司晶睿通訊，持股逾 50％，透過併購掌握技術和市場，以延伸未來應用在智慧城市的願景。

全方位轉型，邁向新世紀

為加速業務轉型，積極推展購併動作，其中泰達電的購併亦備受矚目。

台達全球布局甚早，在一九八八年即赴泰國投資設廠，正式成立泰達電子，為籌資便利性，一九九五年推動股票在泰國上市，成為台達全球化布局後，第一家在海外上市的子公司。

但上市後股權稀釋，台達綜合持股泰達電僅 20％，近年為了有效主導調整產能及營運情況，強化全球化布局，貼近並掌握東協市場商機，二〇一九年陸續透過新加坡台達子公司，購進泰達電股權 42.85％，合計持有泰達電約 63.78％股權。泰達電主要生產通訊、電源、風扇等零組件，近幾年深耕車用電子

領域，以製造電動車充電設備等車載充電系統為主。

併購動作持續進行，二〇一九年，再收購美國 LED 照明方案龍頭廠商 Amerlux 的 100％股權，以強化照明燈具的產品組合；二〇二〇年，取得加拿大 SCADA 圖控和工業物聯網軟體公司 Trihedral Engineering Limited，看中在圖控軟體系統超過三十年的經驗，以布局自動化、人工智能和資料分析等領域。

透過併購，不僅為營運增添成長動能，台達從全球第三大基地台通訊電源供應商，躍升為全球第一，通訊電源市場版圖成功擴展到美國、印度，也補足在布局工業自動化、樓宇自動化、電信局端、資料中心和企業用網通產品的技術能力缺口。

創新求變與併購同步的策略奏效，在邁入第五個十年，台達營收從二〇一〇年的 6,609 百萬美元，逐年成長，到二〇二一年，營收已經超過 10,000 百萬美元，尤其是購入挪威通訊電源巨擘 Eltek 和增持泰達電子股票，每年挹注 7、8 百億元，加速成長力道不容小覷。

「台達將持續守穩電力電子產品技術的根基，朝向系統解決方案，聚焦在電動車、工業自動化、樓宇自動化、資通訊產業及區域網路等五大目標市場，仍有相當的成長性，」鄭平樂觀地展望未來。

過去十年，台達透過掌握技術創新、尋求併購機會以及新事業發展，積極推動組織轉型，以迎向未來的挑戰。

從鄭崇華一手開創到扎穩根基，如今嶄新的台達，已成功從資訊、消費性電子產品轉型到工業產品，從 ODM 到建立自有品牌，演進到系統解決方案，以全方位的轉型姿態，為下一代打造更好的未來。

Delta 品牌價值成長可觀

二〇一八年，由台達電子文教基金會出資、日本 NHK Enterprises 製作的全台第一部 8K 超高畫質環境紀錄片《水起・台灣》，以喚起民眾的環境意識，警醒對水資源的珍惜，並榮獲二〇二〇年美國休士頓影展的紀錄片獎項。

隨著沉浸式體驗的快速成長，二〇二二年台達和日本角川武藏野美術館，合作打造沉浸式展演場域，以展現藝術新形態；過去也以 8K 投影技術在東京森美術館、金澤二十一世紀美術館、東京都現代美術館等合作，一方面推展視訊與監控解決方案，最重要的是應用各種藝術型態展示，透過視訊顯像技術能力，搭配各種美好的視覺化影像內容，呼應環保節能的使命，達到品牌溝通的目的，傳遞美好生活意象。

台達品牌價值從元年開始，第二年成長到 1.3 億美元（約新台幣 39 億元），入選「二〇一一年台灣國際 20 大品牌」第 17 名，至二〇二二年，連續十二年獲選「台灣 20 大國際品牌」，是少數以工業品牌獲得肯定的台灣企業，根據國際專業

品牌鑑價機構 Interbrand 評價，到二〇二二年品牌價值已達 4.26
億美元（換算新台幣約 132 億元）。

　　創新產品為人類生活、工業發展帶來新的解決方案，朝向
更美好的未來，這就是台達勇於突破，推動品牌十年來，台達
不僅成功轉型，同時創造了 Delta 品牌新紀元。

鄭崇華的經營心法：

- 企業成功的關鍵，是創造品牌差異化。

- 「人無遠慮，必有近憂」，即使是市場上資優生，也
  需要翻轉改變的全新動力，大刀闊斧重新布局、重
  塑品牌，積極與市場溝通、對話有其必要。

- 企業要進行變革，並不容易，除了思維要同步改
  變，企業內各事業部門橫向連繫、團隊的調整與磨
  合也很重要。

13 厚植研發能量,與時俱進

　　將新創意導入新事業發展,提升競爭力,傳承自鄭崇華開創性的新思維,對研發能量的重視。在這樣企業精神下,「台達研究院」(DRC)在二○一三年成立了,DRC 不只是研發團隊,更是台達孵化新事業、人才培育的搖籃,隨著時代潮流的推演,隨時掌握新科技、新技術、新趨勢,以壯大台達集團。

贏得先機,需要新思維

　　二○二○年底,在新冠病毒疫情肆虐全球之際,台達旗下的子公司達爾生技宣布,G1 全自動核酸檢測系統通過衛福部防疫專案核准製造,這項新冠肺炎 COVID-19 病毒檢測產品正式投入防疫工作,只需一個半小時,就可精準、快速取得檢測結果。

　　這項產品,是台達創新研發的「精準基因:自動核酸檢測平台」,在二○一八年榮獲生醫界最高榮耀「國家新創獎」後,實現商業化的一項成果。

　　身長約 1.4 公分的侏儒海馬樣本,裝在如原子筆尖大小的

透明容器內，透過精細微米級電腦斷層掃描設備，大約 2 秒鐘快速完成掃描，結合 2D、3D 成像，清清楚楚地讓侏儒海馬內、外部型態、生物特徵、結構、骨頭數量都完整呈現。

這是台灣產製的第一台微型電腦斷層掃描儀，二〇一八年榮獲第 26 屆台灣精品獎金質獎的作品，是台達自行研發的，鎖定在基礎醫學研究、新藥開發、轉譯醫學研究等相關領域應用，但利用高技術品質，協助國立海洋生物博物館副研究員何宣慶，成功發現保育類的新物種。

不僅瀕臨滅絕的物種辨識，如恐龍、沙錢海膽、三葉蟲等化石，都可以在不破壞樣品之下，透過最高解析度至 1 微米（μm）的電腦斷層掃描設備，清楚地重現內部構造。

這些創新技術及產品的研發，源起於 One Delta 時代下，備受矚目的創新研發團隊——「台達研究院」（Delta Research Center, DRC），在新接班梯隊組成後，二〇一三年隨即成立DRC。

DRC 是台達的技術開發平台

近年來，強化研發能量，聚焦在電動車、自動化和包含資通訊及微電網的基礎設施等三大領域，從零組件轉型到解決方案的供應商，但面對眾多新市場、新技術，在軟體、物聯網等感測控制技術到管理平台等專業領域，甚至跨領域技術及市場

前期開發，則由 DRC 扮演關鍵角色。

「DRC 是一個前期技術創新平台，也負責開發許多系統工具與軟體，供各事業單位應用。」執行長鄭平開宗明義地說，它的功能是為台達找出新的商業機會；例如，內部的知識管理（Knowledge Management, KM）系統，就是 DRC 開發出來的。

簡單地說，DRC 的使命，是利用 IoT（物聯網）架構來聯結不同的技術和產品，透過 AI 大數據分析及智聯網創新，發展整體解決方案，以協助企業進行轉型。

DRC 另一個重要任務，就是推動跨產業、跨領域、跨國的產官學界合作，以及和生態系夥伴合作開拓物聯網科技，共同創造市場機會，擴大產業規模與效益。

另外，為加速創新服務、應用與解決方案的開發、測試、驗證和整合，還分別在台北、台南、北京、西安、武漢、新加坡等地設置研發實驗室。

DRC 的人才，則由物聯網、製造、生命科學、軟體開發、數據分析、工業控制等各專業領域人才所組成。以 DRC 台灣區有關物聯網平台的開發為例，研發人員近 50 位中，資料分析專業領域的人才就占了三分之一。

掌握新趨勢、孵化新事業的培養皿

DRC 不只是研發團隊，也是台達孵化新事業、人才培育的

搖籃，隨著時代潮流的推演，隨時掌握新科技、新技術、新趨勢，以壯大台達集團。

面對氣候變遷、人口老化、地緣政治風險和生活品質提升，是未來全球各行各業面臨的挑戰，但在潔淨能源、電動車、物聯網、高速運算等領域，預期將是未來五到十年的機會。

組織的創新力，帶來品牌影響力，但如何將創新的技術，落實為可行的商業模式，是台達追求營運成長的重要課題，尤其是對於未來趨勢做前瞻性的投資，要長期的投注資金和研發人力。

目前 DRC 團隊成員有 300 多人，鄭平補充說：「過去以來，每年都會有 100 多人分出去成立新事業（New Business Development, NBD），再召募 100 多位新血進來。」

二〇一一年，台達參考百年企業 IBM 的做法，導入新事業發展（NBD）制度，設立新事業發展管理部，成立 NBD 辦公室，由鄭平親自領軍，每年投入 1％ 的營業額，以開發新事業，期望突破過去以電腦資訊業為主要客群的發展瓶頸。

例如，台達的核心在節能，零組件如何變成系統節能，則透過新事業發展部門的腦力激盪，台達鎖定工業 4.0 趨勢，著重在研發工業自動化浪潮的節能、監控和管理領域；由於全球建築室內用電量占整體用電量四成，台達積極研發出樓宇自動化的節能技術，透過新事業發展體系，投入資源掌握新商機，

創造新事業的發展方向。

「近十年來，我們已發展出了 30、40 個 NBD，」鄭平指出，二〇一七年新增的電動車方案和樓宇自動化兩個事業群，就是各由 3 個 NBD 組成的。他也不諱言，「做 NBD 是很花錢的，而且一個 NBD 大概要養五、六年才能『畢業』。」他分析，一年投入在 NBD 投資和銷售費用上，占整體營業額的 1％，若以集團總營收 3,000 億元計算就是 30 億元，「但每年在新領域產生的營收大約占全公司營收的 1.5％。」

然而，NBD 的投資等於是拿目前賺來的錢去「養」新單位，換取未來企業成長的價值和空間。

成立近十年來，DRC 在智慧製造、智慧學習和生命科學三大領域已有具體成果，隨著趨勢演變，台達從數位化、自動化，進展到智能化的創新技術，其中不可或缺的 AI 應用、虛實整合、平台及工具等，很多都是 NBD 持續開拓的新商機、新動能。

把新創意導入新事業發展，加速協助台達成功轉型，提升競爭力。這些創新的基因，傳承自鄭崇華開創性的新思維，厚植研發能量。

「鄭先生對科技的熱愛和對人才的重視，以及行事的果斷，可以說明台達何以能在八〇年代在交換式開關電源興起而成為主流，並享譽全球的重要原因。」李澤元佩服地說。

落實創新求變，廣設研發中心

　　除了在美國北卡羅萊納州設立電力電子實驗室，一九九九年，台達也在中國大陸上海浦東成立台達電力電子研發中心（Delta Power Electronics Center, DPEC），積極發展先進節能科技。

　　在美、歐同步設研發重鎮，例如，在美國的台達網路研發實驗室（Delta Networks R&D Laboratory），開發高效率、高電源密度的電力轉換產品與網路產品。在德國索斯特（Soest）的研發團隊，則專注發展關鍵電源供應產品技術，應用在油電混合車、超級電腦、高階伺服儲存、通訊、資料中心及風力發電轉換器等多元領域。

　　台達在研發基礎上扎根五十年，平均每年至少提撥總營收5％做為創新研發費用，遠高於企業界2％至3％。以二〇二一年為例，創新研發費用占總營收8.6％。

　　落實創新求變的精神，在全球廣設 75 座研發中心，全球有8萬多名員工之中，就擁有近萬名研發工程師，而研發人才約50％擁有碩、博士學位，蓄積了強大的研發能量。

　　為整合全球華人的資源和人才，中國大陸不只是生產基地，也是研發重鎮和重要的人才庫。除了上海，在東莞、吳江等地都設有研發中心；二〇〇九年，更擴大研發中心規模，在

上海興建一座可容納逾 2000 名研發人員的新大樓，是大陸第一個經國家人事部正式批准成立的博士後工作站，為台達延攬更多優秀的高端人才。

在強力支持基礎下，台達發揮創新研發的精神，締造許多劃時代的產品。

產官學研積極合作，創造多贏

過去，產學合作的模式是企業提供經費，學校針對命題做出論文，但最後驗收的是學術研究報告，和產品需求實際上有相當落差；而台達創新的合作模式，則針對市場的實際問題邀請學術單位研究並提出解答，透過這樣產學合作新模式，台達和全世界各地不同學校，成立實驗室、研發中心，以解決實際產品問題為出發，反而得到更高的效益。

台達長期和國內外知名學校合作，包括美國的麻省理工學院、維吉尼亞理工大學、凱斯西儲大學；中國大陸的清華大學、浙江大學、南京航空航天大學、西安交通大學、華中科技大學、上海大學、北京交通大學及哈爾濱工業大學，以及新加坡南洋理工大學等頂尖學府，透過產學合作，培育人才，開發各項產品和解決方案。

在台灣，也和成功大學、中央大學、台灣大學、清華大學等啟動共同研發合作專案計畫，並獲得良好成果；同時，也和

大學合作成立研發中心，例如，成大南科研發中心、以及中央大學、台科大、清大、台大等合作設聯合研發中心，以學用合一，並培育高階技術研發人才。

台達以開放創新模式，積極和產官學研合作，不僅厚植人才，進行各項研發和創新，從電源管理的核心競爭力為基礎出發，積極拓展相關事業領域，例如資料中心電源系統、風扇與散熱解決方案、工業自動化、電動車電力動力系統與關鍵零組件、電動車充電方案、高階投影系統、LED 照明，以及可再生能源與儲能系統等前瞻性的事業，更創造多贏。

鄭崇華的經營心法：

- 如何將創新的技術，落實為可行的商業模式，是台達追求營運成長的重要課題，對於未來趨勢做前瞻性的投資，是重要的一環。

- 氣候變遷、人口老化、地緣政治風險和生活品質提升，是未來全球各行各業面臨的挑戰。在潔淨能源、電動車、物聯網、高速運算等領域，預期將是未來 5 到 10 年的機會。

趕上工業 4.0，
解決客戶新需求

　　過度集中於某一種產業，對公司的興衰有利有弊，看到
當中潛藏的危機，台達決定跨出舒適圈，伸出觸角，進行多
元轉型。一九九五年，台達成立機電事業部，鄭崇華的這個
決定，讓台達從電子業跨入機電業，是推動工業自動化
（IA）業務的重要一步。順應客戶需求推出各種自動化解決
方案，簡化客戶生產製程，提高效能，也是源於鄭崇華務實
的創業精神。

　　純白藍邊自主移動的機器人，穿梭行進在工廠生產線之
間，就定位後，機器手臂規律地操作著機械動作；無人搬運車
運載著材料或器具放置在定點；偶爾，穿戴著眼罩式裝置的工
作人員，手持著平板電腦，現身生產線或儲料區。

　　如同電影般的場景，二〇二一年三月出現在台灣第一座 5G
智慧化工廠。

　　這座工廠是台達的「起家厝」──位於桃園龜山工業區內
的桃園一廠，原本是麵粉廠，占地 1,000 多坪，是台達一九七

七年買下的第一個自有資產，過去是工業自動化（IA）產品的重要生產基地。

如今，工廠再進化，透過異業結盟方式，和遠傳、微軟及參數科技合作，結合 5G、雲端、邊緣運算技術等，導入擴增實境（AR）、虛擬實境（VR）、混合實境（MR）等先進技術，全方位升級，成為台達自動化產品變頻器的智能生產線，為台達智能製造（智造）轉型之路，樹立全新的里程碑！

「起家厝」變身為 5G 智慧化工廠，台達真正跨入 IA 領域，事實上要回溯近三十年前，從電子業伸出一隻腳跨入機電業領域，決定製造自動化機器設備裡面的電控系統開始。

機電事業部成軍，自動化的濫觴

一九九五年，某日，張訓海被叫到董事長辦公室。「這個人你認識嗎？」鄭崇華拿出一封信問，張訓海看了看信上的署名，回應：「認識。」

「他說的是真的嗎？」鄭崇華指著信問。「是真的。」張訓海答。

原來，台達決定要做變頻器，市場上潛在對手很快就聽到風聲，同業甚至具名寫信給鄭崇華指稱：「變頻器產品技術層次高、市場很難做、很難賺錢……，很多國內大公司做了不成功，都收掉事業。」

看似良心的建議，實則是戰略，希望勸退台達，免除潛在的強大競爭對手。

「你怎麼應對？那些大公司都做不下去，你如何能做？解決方法是什麼？」鄭崇華拋出連串問題。張訓海把心中的計畫，包括成本問題、如何開拓市場，一五一十地說明：「我們的市場不在台灣，而是在中國大陸，格局和規模都不一樣。」

鄭崇華聽完後說：「我相信你。就去做吧！」

那一年，台達成立機電事業部，張訓海即是部門主管；這個決定，讓台達也從電子業跨入機電業，成為推動工業自動化（IA）業務的起源。

過去台達99％的營收來自電腦資訊科技業，就是IT產業，對營業過度集中某一個產業的企業來說，一個產業的興衰會影響一家公司的興衰。看到這個潛藏的危機，台達決定跨出舒適圈，伸出觸角，多元轉型。

回想一九九三年，當時鄭崇華看到大陸崛起的趨勢，打算拓展內銷市場，派出原財務主管王其鑫長駐上海，後來鄭崇華要求具有研發背景的張訓海到中國「蹲點」，協助尋找機會。

張訓海從南到北、深入內地拜訪學校、政府機構、研究單位，在北京紡織研究所發現一種變頻馬達的新技術——磁阻馬達。

這項嶄新的技術，張訓海和鄭崇華都未曾聽過，於是，張

訓海一回到台灣就向鄭崇華報告，並建議投入研發。後來，和
北京紡織研究所接洽後同意將技術轉移給台達，雙方合作在上
海成立研發部、小量生產。

　　後來，由於磁阻馬達的關鍵技術，因技術方不願放手，加
上技術不夠成熟，成本又不具優勢，兩年後，磁阻馬達合作案
即告終止。

　　但在中國銷售磁阻馬達期間，他拜訪許多機器設備廠商，
發現各地工廠設備都很舊、落伍，由於工業機器設備的電控系
統都來自歐、美、日三地，價格高昂，當地企業花不起錢買外
國設備，都想自己生產製造。

　　張訓海嗅到龐大的商機，決定回到台灣繼續投入驅動馬達
市場。

面對黑函、砍價多重阻礙，走出一條路

　　「那是新技術、新市場、新應用、新的商業模式，全部都
是新的，可以想見是有多麼困難的新事業。」張訓海回想當年
對新技術研發的熱情，做了大膽的決定。

　　當時他找到工研院技術轉移交流馬達變頻器，再積極拜訪
台灣各大學、研究單位尋找產業合作計畫，培育研發人才，並
找上台科大電機系和交大電控所產學合作，組織研發團隊。

　　台灣當時電控系統業者大多是機電公司代理國外品牌，有

能力生產的廠商少之又少，因此當台達決定投入時，就遇到許多阻礙。首先，就是接到來自同業的「黑函」。

但鄭崇華向來支持新技術和新產品的研發，確立了機電事業部門、自動化產品持續下來的命運。

方向確立後，再來，就是面對市場。

台達打的是一場硬戰，在 IA 領域，要迎戰奇異（GE）、西門子、ABB、施耐德（Schneider）、三菱重工等業界老大哥，每一家都是百年企業，占據市場七、八成以上的比例，經銷商對初來乍到的新手，一開口就是「低於市場 20％價格」才願意賣。

「如果以當時的情況來看，這個生意肯定是做不下去，因為可能每賣一台就虧一台。」但張訓海回想當年，因不同的思考模式，而未陷入這樣的困局。

「我開始模擬，未來如果銷售規模變大，成本會降到多少？若以現在的售價銷售，預估市場會成長到多少？估算量出來後，我就決定照這個價格（降價 20％）去賣。」張訓海的第一步是用未來的定價策略，努力開拓市場，想把市場經濟規模做出來。

他解釋，因為初期的量不大，假設賣 80 元是虧損的，但未來三、五年若銷量提高兩倍或三倍，成本結構不同，賣 80 元或許就賺錢。

台達有獨到的經營哲學，通常前面幾年的損失，稱作先期投資，而不叫虧損。

擴大規模、降低成本，雙管齊下迎戰

第二步，就是降低成本。

他分析道，可能是因為市場規模太小，材料成本、生產成本相對很高，導致材料成本就占所有成本的一半；然後再就成本進一步分析，所有材料成本哪些最貴？要怎樣降低成本？他發現，當時台灣做變頻器主要元器件，例如電腦晶片、電容器等都是日本製，成本原本就不便宜，透過台灣代理商又經一手，加上訂貨量小，價格彈性低。

他了解到，要做變頻馬達的關鍵就是材料成本，決定從材料成本下功夫。他心想：「如果不解決材料成本問題，永遠沒有辦法做到經濟規模，產品就不具競爭力。」

於是，他規劃了一個「五年銷售計畫」。當年，還不到 40 歲的張訓海信心滿滿地拿著銷售計畫，要求台灣代理商安排拜訪日本 Toshiba 總公司，以爭取更好的交易條件。在回程的飛機上，張訓海跟代理商打探結果，代理商坦承，事後他們開了一個會：「所有日本人都覺得你太樂觀，計畫做不到。」「但讚賞你非常有策略、非常積極，他們願意賭一把。」

果真，Toshiba 同意零組件降價 20％供貨，材料成本一降

下來，台達變頻馬達就以低於市場 20％價格銷售。

當時，市場看到台達不符成本的售價，業界甚至謠傳「台達準備要收掉自動化部門、台達撐不了多久、庫存消化完就不做了」，各種耳語不斷，在風風雨雨中，撐過最困難的階段，一步一步堅穩地做起來。

一九九五年機電事業部成立，直到一九九七年，台達第一個自動化產品──交流馬達驅動器，也就是變頻器，才成功研發出來正式量產上市。這項產品不僅供應台達自動化工程部內部使用，並開始對外銷售，性能及品質頗受市場肯定，這是台達 IA 控制器件設計製造的濫觴。

第二個產品，就是可編程序控制器（Programmable Logic Controller, PLC）。「PLC 就是機器的大腦，只要掌握大腦，就可以掌握電控系統，PLC 非做不可。」張訓海說明當時的初衷。

畢竟在自動化產品領域是新生，客戶並沒有信心，當時負責自動化產品的張訓海向鄭崇華反映：「台達一定要有自有品牌，先測試性能和市場接受度，才能讓大廠有信心跟台達採購。」

鄭崇華也認同，IA 產品是各個國家發展所需要的重點工業，在他的支持下，台達自動化控制產品都掛上 Delta 的品牌，並漸獲國際客戶青睞，例如美國自動化公司洛克威爾（Rockwell）就是台達第一家 ODM 客戶，陸續銷往歐洲、日本

各地。

幸好，搭上中國大陸經濟起飛、工業化的浪潮，交流變頻馬達開賣第三年，大約在二〇〇〇年時，驅動馬達事業就明顯做出績效。

工廠製程自動化、自行研發控制器件

過去數十年來，台達競爭力日益增強，自動化更是重要的關鍵。

從自動化的關鍵零組件，到相關的應用軟體，都是自行研發製造，具有非常高的整合度，且可以非常快速更改，透過生產基地的導入和應用，可以確保產品在各個行業的適用性，以高效率化搶得機先。

而早年台達的成功，主要來自於擁有優異製造技術的競爭力，其中有一個關鍵是，很早就開發工廠製程自動化。

「起初，我們都是採人工生產，後來因為生產需求量大，勢必改為自動化生產才能應付訂單。」鄭崇華舉例說，像早期自製繞線機，一九八〇年初為柯達製造高壓線圈的自動生產線，後來轉作 10 毫米線圈，都是台達成功推展的自動化生產實例。

另一個關鍵，是在一九八二年添購第一部表面黏著機，在全世界及台灣都是領先產業界。那部表面黏著機機器當初就是

放置在桃園工廠，即現在的桃園一廠。鄭崇華超前部署購置表面黏著機，閒置多時，在電源供應器產品尚未研發成功，就先替宏碁代工生產「小教授一號」電腦學習機，奠定宏碁外銷個人電腦的基礎。

台達自動化團隊的前身，要追溯到一九八六年成立的自動化技術部，後來變革為自動化工程部。凡是重要的生產計畫，在產品設計階段就讓自動化部門參與，同步設計出最經濟有效的生產製程和設備，不僅降低成本，且提高品質，獲得客戶更高的滿意度。

隨著公司不斷成長，自動化工程部自行開發許多自動生產設備和生產線，使用到許多控制器件，大多必須向國外採購，但價格貴，且不一定合用，因此，工程部門即自行研發生產。

退出光碟機，轉戰自動化商機

但台達 IA 事業部門強化的起點，卻是從退出光碟機事業之後。

一九九〇年代末期，光碟產業火紅，台達和許多電子業一樣投入光碟機生產。但麻省理工學院電腦科學暨人工智慧實驗室主任舒維都向鄭崇華提出建言，未來，網路將取代光碟機，存儲大量的影音、資料。

鄭崇華在景氣最熱的時候，斷然決定結束台達的光碟機事

業部門。

　　然而，當初為了跨入光碟機事業，張訓海親自招募三十多位碩、博士級的研發菁英，正要大展身手，就面臨解散的命運。但台達絕不做裁員的事。

　　由於光碟機的設計涉及精密機械、伺服控制和軟體介面等幾項技術能力，正好是 IA 所需的核心技術，在決定結束光碟機事業的當下，當時負責自動化部門的張訓海，立刻調撥這群碩博士技術菁英，加上工廠所有人力共一百多人，全部轉做伺服馬達、觸控的人機介面、工業控制器等等自動化設備。

　　一九九五年到二〇〇三年，台達自動化產品只有變頻器和 PLC 兩項，但近二十年來，從變頻器、伺服驅動系統、電源治理、感測器、邏輯與運動控制、儀表，到工業機器人、圖控軟體及工業資訊管理系統的整合，深厚的研發實力與產業經驗，為客戶提供高品質、高可靠度的 IA 產品。

　　台達 IA 產品是最早建立自有品牌的事業，二〇一〇年，更搭上「品牌元年」列車，再注入更多的品牌精神和價值。

　　「台達工業自動化部門是台達電子的明日之星！」那一年，在台達吳江廠成立十週年慶會場上，當時的執行長海英俊充滿信心地說。

　　「那時候我們積極地到各處參加展覽會，」張訓海說，和過去做 ODM，做 B2B 市場不同，自動化面對的不僅是工廠自

動化，牽涉到各行各業的自動化，不僅在產品製造，連銷售網路都不同，「參展為的是吸引經銷商，透過展覽會建立全球各地的經銷商網路，由經銷商賣台達的產品。」

在工業自動化這一塊，如今台達已具領導地位，但回首二十多年，一路走來並不容易，「在 IA 市場，目前全球整體規模大概是 2,500 億美元，我們現在做到 10 億美元（約 300 億元新台幣），大概占 1/250，比例很低，但利潤還不錯，有非常大的成長空間。」執行長鄭平語氣平靜地說。

工業 4.0 來了，從「自動化」到「智動化」

二〇一七年，台達大幅調整內部組織業務範疇，將自動化列為業務三大範疇之一，是台達自動化的另一大進程。自動化範疇包括機電事業群和樓宇自動化事業群兩大部分，業務重心則著力在工業自動化和樓宇自動化解決方案。隨著自動化業務的成長動能加速推升，將逐步扎穩業務的第三支柱。

由於全球化分散式製造的趨勢，過去的工廠生產線集中在勞動成本低廉的市場，已逐漸往產品銷售市場趨近，自動化工廠也逐漸為智能製造取代，把自動化設備和資訊系統整合，達成智能化的「智動化」工廠。

智慧化浪潮席捲全球製造業，但要實現一座真正的智慧化工廠，必須具備核心技術 AIoT，就是在 IoT（物聯網）技術中

導入 AI（人工智慧）系統，將 AIoT 具備智慧學習的能力，透過數據累積不斷進化，把現有的工業技術和產品整合，建立一個具有資源效率的智慧工廠，再透過大數據分析，直接產出符合客戶需求的解決方案。

換言之，未來的產線會更標準化、合理化，還有模組化，最重要的是數位化，把過去人類的語言變成電腦語言，讓機器和機器能溝通，真正進階到智慧化智能製造。

以台達桃園一廠智能產線生產的變頻器為例，多達 203 個機種，生產模式複雜，生產型態少量多樣，每天換線次數多達 10 次以上，造成產線人員相當大的負荷。但在導入智慧製造再搭配 5G 傳輸後，加速傳輸資料，不僅提升生產安全性，還能依照少量多樣的產品需求彈性調整產程，大幅減少更換生產線的時間，單線每月產能顯著提高。

如果把實際效益數字化，更能一目了然，智動化後，桃園一廠智能產線的人均產值提升近 70%、單位面積產值提升 75%，創造的效益就是企業的競爭力。

位於中國大陸蘇州的吳江廠，是台達目前最大的 IA 生產基地。二〇〇二年開始架設生產線設備，同年六月生產交流馬達驅動器，目前主要生產驅動器、馬達和控制器等產品；另外，二〇一六年在印度霍蘇爾（Hosur）拉開新頁，成為台達工業控制產品的另一生產重地。

　　台達加快布局智能製造，是在二〇一六年併購羽冠電腦，取得工廠製造執行系統（MES）之後，開始導入台達智慧製造專案；次年，成立智能製造部門，從設備、流程到物流自動化，朝向全面自動化，再透過大數據收集、資料分析運用實現工業智動化。二〇一八年率先在大陸蘇州吳江廠完成 PLC 智能產線升級，並陸續應用至各產線。

　　桃園一廠智能產線成功開啟了新頁，智能製造成為另一創新的 DNA，將複製在台達全球近 20 個廠區，加速升級轉型的願景。

　　結合資料收集、物聯網、雲端運算、感測技術和智慧分析等應用技術，對台達未來發展智慧製造和智慧城市兩大成長主軸，是非常重要的關鍵。

　　為了強化自動化和系統整合，二〇二〇年斥資近 10 億元，由台達荷蘭子公司百分之百收購加拿大一家資料採集與監視系統（SCADA）圖控與工業物聯網軟體公司——Trihedral Engineering Limited，以因應快速成長的自動化、人工智慧及資料分析等相關領域，即時滿足客戶對物聯網的應用及管理的需求。

自製 Delta 品牌工業機器人

　　印著藍色 Delta 字樣的機械手臂，簡潔迅速的動作，來來

回回插件、鎖螺絲，這是台達自製、首度打上自有品牌的水平
關節機器人（SCARA）。

台達工業機器人研發成功，是發展智能工廠的一大助力。
工業機器人在智慧工廠中，將扮演重要的角色，也是自動化最
關鍵的裝備；換言之，機器人和自動化密不可分。

台達工業機器人發展的淵源，是從二〇一二年和揚朋科技
自動化技術團隊合作開始。揚朋科技成立於一九九五年，由工
研院一群資深研究人員共同創辦，當時技術團隊約有二十人，
加入由台達百分百轉投資的台達自働化公司，和台達運動控制
事業部門共同研發機械手臂等相關機器人。

二〇一四年四月，台達自働化公司併入台達，成立機器人
事業處。十一月初，在上海舉行的「中國國際工業博覽會」會
場上，台達 SCARA 工業機器人首度亮相。隔年一月，正式推
出第一台 SCARA 機器人，創新 IA 進程，快速擴展工業機器人
產品線；二〇一六年，再研發垂直多關節機器人，開啟機器人
與 IA 結合的新時代。

以台達工業自動化伺服馬達產線運用為例，導入機器人生
產後，生產線人均產值大大提升，可以彈性採混線生產，設備
直通率提升23％。以一台輕工業用機器人單價約20、30萬元，
製造商利用機器人生產，估計一年就可回收成本，相當具有吸
引力。

一般機器人製造廠商大多鑽研在機械手臂的技術上，但台達機器人除了和產線應用直接整合，生產線可以實際應用為目標，透過導入機器人幫客戶解決生產上的難題，例如，節省提升製程的彈性化並縮短作業時間，可執行較高危險的工作，避免工作人員因高溫產生傷害，解決客戶的痛點，以提升生產效率。

以男性生活必備的電動刮鬍刀為例，在設計上分成刀頭、頭蓋、機身外殼、齒輪結構和電機五個基本部分，包括數十到數百個機械零件，台達為中國大陸刮鬍刀品牌打造自動化生產線，由台達機器人、機器視覺、PLC、伺服系統、網路通訊等自動化設備，組成完整的自動化、智慧化生產線，包括馬達組裝、外殼機芯、頭蓋機組裝、架卡機與鬍刀組裝等五大生產線，取代人力，從原先製造組裝要 5 分鐘到只需 2 分鐘，人力僅原先的五分之一，效率、精確度和合格率、耐力都大幅提升。

台達順應客戶需求推出各種自動化解決方案，解決客戶問題、簡化生產製程，提高效能，就是一以貫之鄭崇華務實的創業精神。

以台達產製的被動元件與磁性元件為例，應用廣泛，涵括可攜式裝置、雲端運算設備、車用電子、以及物聯網等，客戶遍布全球，每年產出超過 100 億顆磁性元件，就是透過高度自動化的製程能力，創造驚人的產量。

鄭崇華的經營心法：

- 鄭崇華對於技術創新的熱情與遠見，使得台達有其獨定的經營哲學，對於新研發項目，前面幾年的損失，稱作「先期投資」，而不叫虧損。

- 數十年來，台達競爭力日益增強，提早布局「自動化」「智能製造」，是重要的關鍵。

⑮ 不放棄，才有新機會
——迎向電動車時代

> 對電動車的執著，來自於創辦人鄭崇華長年懷抱的汽車夢，只是早期研發階段的投資有如「無底洞」，歷經長年的研發和組織重組，在新經營團隊的努力下，台達正跟上新世代的電動車革命的潮流，搶占一席之地，成為電力系統及充電基礎設施的領導廠商。

電動車浪潮席捲全球，在電動車市場戰局中，媒體常以「十年磨劍」來形容台達在電動車關鍵零組件的長期投入，已達到領先同業的地步。但台達團隊努力磨劍的背後，卻是外界看不到已經付出上百億元的辛苦代價。

這股努力堅持的動力之一，其實來自於創辦人鄭崇華多年來不放棄的汽車夢，他想要製造一種適合未來世界需求、而且有助減緩氣候變遷的車輛。因為淨零排放已經是當前全球共同發展的趨勢，而台達多年來累積的電力電子方面研發技術，電動車市場應該是可以嘗試的新領域。

日趨火熱的電動車市場

　　鄭崇華分析，台達現在八個事業群中至少有五個事業群的技術和產品，與未來電動車市場的需求息息相關。例如，台達零組件事業群（CPBG）可以幫很多電動車有關的電子控制單元（ECU）提供零組件，資通訊基礎設施事業群（ICTBG）提供關於雲端應用和網絡服務的專業解決方案，能源基礎設施事業群（EISBG）則能提供超快速的先進充電技術，透過每小時 400 千瓦的超級快充技術，不用 10 分鐘就可以替電動車充滿電。至於台達電動車事業群（EVSBG），則專門提供電動車上所需之動力系統總成，以及關鍵零組件如車載充電器（OBCM）、高壓直流電轉換器（DCDC）、馬達驅動器（Traction Inverter）與驅動馬達（Traction Motor）等。

　　這幾年愈來愈火熱的電動車發展趨勢，各界輪番推出許許多多的市場調查和專家預測資訊。在二〇一六年的時候，全世界的電動車銷售量，只有 1% 的新車銷售市占率，而在二〇二一年，電動車銷售量已經來到 670 萬輛，占了當年度新車銷售的 8.3%。根據國際能源署（IEA）最新發表的《全球電動車展望》（Global EV Outlook），二〇二二年，全球預計會新售 940 萬輛電動車，可以占新車市場總銷量的 12%。另外根據統計，預計到今年年底，全球將會有 2600 萬輛電動車在路上跑。

按照這樣的成長趨勢，到了二〇三〇年，大部分的市調都認為，電動車的銷售份額有機會超過整體車市的 40%。等於在未來幾年內，每一到兩年就會增加 500 萬輛電動車。即便過了二〇三〇年之後，到時候還有多達 60% 的傳統內燃機（ICE）汽車，將以更快的速度汰換成電動車。這就是電動車為何如此具有潛力，吸引愈來愈多廠商爭相進入市場的原因。

關注趨勢，心向新能源車

從很久以前開始，鄭崇華就一直在觀察交通工具和運輸產品的發展脈動，因為這個產業對人類社會的影響太大了。

先看能源使用量，運輸部門每年消耗全球超過四分之一的能源，如果只看石油，車輛更是全世界最大的石油用戶，因而貢獻出相當可觀的溫室氣體排放量。現在地球上已經有超過十億輛汽車在各地跑，以後還會更多、甚至加倍。可是，這種對化石燃料上癮的發展模式，卻跟未來人類必須走向低碳、對氣候友善、並且減少空氣汙染的方向背道而馳。

早在一九八〇、九〇年代，鄭崇華就看到新能源車的未來。早年開發電源相關零組件時，鄭崇華常到美國許多汽車大廠尋找業務機會。他發現，當時汽車大廠開始研究開發電池汽車，對新事物總是充滿好奇，尤其新科技、新產品，常讓他眼睛一亮。

二〇〇四年底，豐田（Toyota）第二代油電混合車（Prius II），經過漫長的船運抵達台灣，車主是鄭崇華，他等了快一年才到手。那輛車，是馳騁在台灣土地上的第一輛油電混合車。

事實上，二〇〇三年剛在美國上市的 Prius II，當時尚未引進台灣。鄭崇華是透過台達美國分公司人員在美國訂購，售價折算新台幣將近百萬元，加上進口關稅、海運和支付政府測試各種安全項目至合格為止等費用後，購入成本雖倍增到 223 萬元，總算圓了他對新能源車的夢。

這項決定，便是台達研發汽車零組件的起點，二〇〇五年，台達汽車電子產品事業部誕生。

台大機械系教授鄭榮和率領太陽能車研究團隊，赴澳洲參加二〇〇五年世界太陽能車競賽，以創新的技術，獲得第五名。贊助者就是鄭崇華。

鄭崇華觀察，在電動車成長的第一階段，必須仰賴政府的補貼措施，鼓勵民眾購買對環境衝擊度較低的車輛。第二階段，政府會祭出許多法規跟罰則，要求產業界生產更低碳、汙染更少的產品。而電動車成長的第三階段，則是有愈來愈多的消費者主動關注相關產品、而且自發性地購買跟提倡。消費者的力量將完全改變市場生態，不但會驅使業者提供他們渴望的環境友善車款，更會要求政府和相關單位建置電動車所需的大

量基礎設施和相關服務。

他相信，電動車成長的第三階段將在很短時間內到來，甚而比大家預期的來得快很多。

時至今日，台達已經跟許多大型車廠合作開發他們的下一代電動車，這些並非是針對原來燃油車的小改款，而是貨真價實的全新電動車款，可以提供更好的性能、更長的續航里程、還有更實惠的價格。隨著電動車使用更加普及，以後的充電基礎設施，絕對會比今天更加成熟。

現在，台達在電動車的產品組合已經相當完整，例如：車載充電器、高壓直流電轉換器，還有將它們組合在一起的系統化產品等。當車聯網（V2X）功能愈來愈盛行，台達也開始設計生產如 Bi-directional OBCM 和 OBGI 等具有雙向充電功能的產品，未來可能出現的無線充電技術，他們也有所準備。

其他主要產品還包括：車用馬達驅動器、驅動馬達，還有將之組合應用的 IMD 驅動系統。還整合了 Inverter、OBCM、和 DCDC 等電力電子設備，提供給客戶所謂的 X-in-one 集成系統。有了如此完整而廣泛的產品線和技術能力，台達才有能力為全球各大車廠提供一站式的完整採購服務。也因此，當前全球前 20 大的汽車品牌裡面，便有超過七成都跟台達有業務上的往來跟合作。

若以 TAM（Total Addressable Market，整體潛在市場）的

角度來評估，台達目前在電動車市場的占有率，大概只有7-8%，到了二〇三〇年，可望提高到 15% 左右，表示往後還有很大的成長空間。

電力電子技術是獨特優勢

為何台達可以做到？很重要的就是：台達可以為客戶提供完整的 TQRDC 服務，就是評價供應商能力的五個指標：

- Technology（技術研發）
- Quality（品質要求）
- Responsiveness（回應速度）
- Delivery（產品交付）
- Cost（成本管控）

眾多條件中，鄭崇華認為「技術」是最重要的一項。由於台達多年來在電力電子技術方面的積累，可將這些優勢和經驗運用到電動車相關產品。

比方說典型的伺服器電源，功率大概是 1000~2000 瓦，回到十年前，它的能源使用效率大概還不到 90%，經過這些年的研發投入和技術精進，現在同一種產品，能源效率可以提升至94%、96%，甚至達到 98%。功率密度方面也是一樣，十年前，這類產品的功率密度大約是每立方英寸 30~40 瓦，現在可以提高到 85 瓦，以後甚至可以挑戰 100 瓦，這些都是領先世界

的水準。

除了不斷自我提升，台達也在產品結構上做了很多改良。以電源供應器為例，在一九九〇年代，台達便是以 MOSFET（金屬氧化物半導體場效電晶體）取代 Bipolar（雙極晶體管）的產業先驅者之一。後來繼續使用更先進的零件，如第三代半導體（碳化矽、氮化鎵等），同時強化內部的設計和製造能力。

舉個例子，一個 6.6 千瓦的車載充電器，加上 2.5 千瓦的 DCDC，所組合出來的一款集成產品（Combo）。五年前，台達開發出第一代產品，隔年有了第二代，現在則更新到第三代改良產品，跟第一代比起來，最新產品在體積方面減少將近 50%，重量減輕了 40%，功率密度也提高 30%，最重要的是，成本同時降低了 40%，所以這就是為什麼台達可以持續為客戶提供更具競爭力、而且性能更好的產品。

為了做到這一點，研發團隊非常重要。目前台達在台灣（中壢／平鎮／台南）、中國大陸（上海／杭州）、德國（Soest/Karlsruhe）、美國（Raleigh/Detroit）、印度（Bangalore）等地都有設計中心，擁有相當優秀的技術團隊，這些不同地方的團隊可以互相協同合作、激盪創新，最終做出最好的產品跟服務。

從 Delta Inside 到 Driven by Delta

回頭來看台達在電動車市場的發展歷程。

　　二〇〇八年，台達開始開發電動車相關零組件，當時做了很多單獨運作的零組件，後來逐步嘗試跟電力電子技術有關的次系統，例如：車載充電器、高壓直流電轉換器、馬達驅動器等，最近這些年，則自主開發更大功率、多合一的集成系統，今後目標是提供所謂的 e-Drive 三合一系統，把驅動馬達、馬達驅動器和齒輪箱的零件整合在一起。

　　也就是，當年剛開始進入電動車市場的時候，台達先做到 Delta Inside，從零組件站穩腳步，到了近年這個階段，隨著愈來愈多電動車採用台達的充電和電源轉換系統，所以現在可以說是 Powered by Delta，未來當車廠導入台達的 e-Drive 驅動系統，更可以朝向 Driven by Delta 的目標前進。

　　今天，台達的客戶不再只有車輛產業。以推廣電動車最迫切所需的充電樁為例，過去十年，台達出品的充電樁在世界各國熱賣了 150 萬具，客戶群面孔卻包羅萬象，有政府單位、系統整合商、購物商場、辦公大樓、停車場、高速公路休息區等，應用範圍非常廣泛。

　　二〇二二年十月，台達又在美國底特律發表最新一代的 400 千瓦極高速電動車充電設備。這一套設備搭載以第三代半導體 SiC MOSFET 為基礎的固態變壓器（Solid State Transformer, SST），提供領先業界高達 500 安培的充電電流，還能讓充電設備直接與中壓配電網相連，將電網到車的能量轉

換效率提高至 96.5%；同步也將系統的重量，降至傳統直流快充的四分之一。這種新一代的 SST 技術，可為智慧電網應用提供穩定電壓和改善電能質量的無功功率補償；HVDC 的電源架構亦可與再生能源或儲能系統相連，降低多台電動車同時充電對電網帶來的衝擊。

除了開發硬體設施，現在，台達也開始涉入軟體和數據。台達設計的充電站管理系統，能透過圖形化介面進行遠端設定、控制、協助廠商管理、維護充電站，並且完整記錄充電資訊，為用戶提供更好的智慧化服務，也有助於衍生各種應用商機。

最新的應用案例，是在已有三十年歷史的台達歐洲總部大樓導入 DeltaGrid® EV Management，統一管控電動車充電樁、用電負載、太陽能發電和儲能等不同需求，透過大數據和 AI 機器學習演算法，分析整棟大樓的歷史用電曲線、預測電動車充電需求，達到電力調度最優化、電費結構最佳化、同時為企業節能減碳等多重目標，目前每個月可以替辦公室省下 5% 的電費支出。

身體力行，率先響應 EV100 電動車倡議

最特別的是，台達不只是研究技術跟販售產品，自己也身體力行，以實際行動推廣低碳交通運具。

　　二〇一八年，台達決定參與國際電動車倡議組織 EV100，成為台灣第一家、也是全球第一家加入該組織的電動車能源基礎設施廠商，承諾在二〇三〇年前，主要營運據點都將廣設電動車充電設施，目前台達在全球 22 個廠區，都安裝了電動車充電樁，而且預計在二〇二八年，公司用車將全面汰換為電動車。

　　鄭崇華解釋，交通運具從燃油引擎轉向電動化，其實源自地球暖化和環境危機引發的效應，提醒人類必須走向淨零排放的永續道路。

　　「但我們很清楚，電動車未來還需要很多嶄新的技術跟科技應用，不可能由台達獨力完成。」有鑑於此，台達最近開始跟很多不同領域的公司進行策略聯盟，希望透過異業合作，一起將電動車市場做大、做強，搭上這波時代轉變的成長潮流。

鄭崇華的經營心法：

- 在研發新產品或新技術的早期發展階段，投資經常有如無底洞，見不到實際的產出和效益，如何調整、轉型，找到新商機，考驗領導者的智慧。

- 只要堅持不放棄，永遠可以創造新機會。

⑯ 跟著節能減碳走
——結合環保與創新的信念

　　鄭崇華始終懷抱綠色之夢，堅持走在環保的路上。從創業之初，就全心投入節能，所有產品都跟節能或能源管理、減碳有關。從節能產品、可再生能源應用、能源管理優化、工廠節能自動化方案、到家用節能產品等整合系統方案，不僅創造出無限商機，更為地球盡一份心力。台達「環保、節能、愛地球」的理念絕非口號，而是兼具理念與商機的最好典範。

　　數十年來，鄭崇華一直苦心呼籲各界重視環保，但每當和企業界人士談環保，總是換來對方微笑回應。「他在笑我不務正業，做生意不管賺錢，一天到晚講環保。」

　　儘管企業界都認為，環保錢不容易賺，他卻堅持，「對社會、對地球有益處的事，絕對要做。」而且，「現在不做，將來就會後悔。」

　　秉持這個信念，從興建一座工廠開始，鄭崇華就決心投入實踐推動綠建築。從實踐綠色環保的信念，也成為台達創新的

根源，帶來業務商機，成為企業永續經營發展重要的一環。

起心動念打造綠建築

讓鄭崇華二十幾年來像傳教士般宣揚綠色理念，一頭栽入綠建築領域的機緣，是《綠色資本主義》一書。

美國智庫洛磯山研究院創辦人羅文斯所寫的《綠色資本主義》於一九九九年出版，中譯本在二〇〇二年上市。他私人訂購數百本書，公司主管人手一本，被視為台達員工必讀的「聖經」。

為了證明這些觀點，書中舉了許多生動的實例，吸引了鄭崇華的興趣。作者強調，如何透過各種設計巧思，提升產品製程和生活的能源效率來創造財富，同時達到保護地球的目的，令他大表認同。

為了親身體驗，隔年，鄭崇華邀請了替台達設計廠房的建築師，以及公司營建單位與基金會的同仁，一起走訪泰國、德國等地觀摩各種綠建築，他進一步深信，綠建築既健康又節能環保。實地參觀書中介紹一棟位於泰國的綠建築 Bio Solar House 時，他發現，這棟綠建築僅使用一般建築 1/16 的耗能量，就能將室溫保持 25℃，相對濕度 50％的舒適、節能環境。

他回想起，小時候住在水吉鄉間，與自然融合的建築居住品質，讓人舒適生活。

　　而後隻身在台求學，一九五五年他考上大學時，在台南住校、學習四年，對於在台灣的第二故鄉台南，第一印象是，「台南是文化古都，民風純樸，常年都是晴朗炎熱的天氣。」但日治時期規劃的殖民式建築，門廊、拱窗、中庭、綠蔭，老祖先用智慧打造出通風散熱的空間，讓終日晴天朗朗的南國生活，帶來清爽適意。

　　受到《綠色資本主義》的啟發，催生出台灣第一座綠建築工廠，正巧就落腳台南。

　　二〇〇三年，台達決定進駐南科。過去台達工廠都由公司的營建處負責規劃自建，當時南科台南廠房的設計草圖也已完成。

　　在因緣際會下，鄭崇華結識台灣綠建築規章起草人、成功大學建築系教授林憲德，遂邀請他到台北台達總部介紹綠建築。

　　林憲德是日本京都大學建築學工學博士，崇尚並師法自然概念的綠建築；在那場簡報中，他只秀出幾張圖片說明綠建築理念，當下，鄭崇華就決定推翻原本已完成的設計圖，打掉重來，把台南廠打造成一座綠建築，委由林憲德設計規劃。

台灣第一座零碳建築——「孫運璿綠建築研究大樓」

　　台南廠是兩人第一次碰撞出的綠色建築，成為台灣綠建築的先驅。從此，他堅定決心，未來台達的工廠都要蓋成綠建築。

　　二〇〇五年底，一棟低成本、本土化、自然化打造的綠建築完工，台南廠成為全台灣第一座綠色廠辦、首棟綠建築地標；二〇〇六年啟用並通過內政部建築研究所設定的 9 項綠建築指標評估，取得第一座黃金級綠建築廠辦標章；二〇〇九年更升格為鑽石級綠建築。

　　在林憲德協助台南廠達成首座綠建築的里程碑後，鄭崇華個人捐獻資金給成大建築系，做為興建綠建築研究大樓之用。

　　位於成大力行校區的研究大樓，為感念前行政院長孫運璿的貢獻，命名為「孫運璿綠建築研究大樓」，在二〇一一年完工。是以「諾亞方舟」為靈感打造，被形容為「現代諾亞方舟」，是台灣第一座零碳建築，達到節能 70％，但每坪造價才僅 8.7 萬元，打破過去綠建築建設費用高貴的概念。

　　這棟被林憲德稱為「綠色魔法學校」的綠建築，每年超過 2 萬人次參觀，不僅是亞洲第一個取得綠建築協會 LEED 白金級標章的教育大樓，更曾被「綠建築教父」尤戴爾松，發表評論讚譽為「全世界最綠的綠建築」，確實顯現綠色魔力無窮。

　　「孫運璿綠建築研究大樓」二〇二二年四月初，再次登上國際舞台，聯合國氣候變遷專門委員會（IPCC）發布最新的氣候變遷報告，在建築減碳專章中，將其列為全球七大指標性低碳綠建築，成為全球建築物減碳的典範。

　　截至目前為止，台達陸續在全球自建和捐建的綠建築，總

共 32 棟以及 2 座獲得 LEED 綠建築標章認證的高效率資料中心綠色機房。

產品、廠區、綠建築三管齊下

鄭崇華全心投入節能，所有產品都跟節能或能源管理、減碳有關，是有其歷史背景。

台達一九七一年創立，一九七三年就歷經全球第一次石油危機，一九七九年至一九八一年初，又發生第二次石油危機。兩次能源危機衝擊對鄭崇華帶來省思，在開發新產品和各種解決方案的同時，更要善盡企業社會責任，為氣候變化盡一份心力。

永續發展是利人利己的百年事業，但環保節能不只是蓋出一棟一棟的綠建築，如何把節能產品和理念，轉化成實際應用的機會，才是企業經營長遠的目標。而「環保、節能、愛地球」的理念並非口號，台達在產品、廠區和綠建築三個面向著手，落實節能減碳行動，提升核心競爭力。

根據國際能源署的統計，全球耗電量高達 40％以上是來自建築物，因此降低建築耗能，是解決能源危機法門之一。

以台達內湖總部大樓為例，一九九九年落成啟用，二○一一年開始一連串節能改造計畫，二○一四年即獲得台灣綠建築「鑽石級」認證。

　　走進台達企業總部，挑高九層樓的透光天井，讓陽光直接灑進接待大廳，白天不需要開燈；即使室外高溫逾35℃，大廳雖未開冷氣，體感仍非常舒適；循著樓梯往上進入辦公室，燈光一顆顆亮起，空調偵測空間人數、二氧化碳濃度，即時調整⋯⋯。

　　台達董事長海英俊說，大樓花費1,000多萬元就改成綠建築，只做幾件事：一、所有的燈換成LED燈；二、是把冷氣換成變頻；三、東西向兩面窗使用光學膜或用窗簾把陽光熱能擋掉；四、改成智慧電梯，上下樓時還可以發電。

　　「一年用電量就從300萬度，降到180萬度，節省了約120萬度，換算電價，大約節省3、400萬元電費，千萬元修改成本三年就回本。」他以一棟樓壽命幾十年估算，省下的電費和能耗將是可觀的數字。

　　永續長周志宏以實際數字說明，台達總部改建為綠建築後，減碳效益達到51.75％，是台灣綠建築鑽石級認證20％的兩倍多。

　　「省一度電比發一度電容易得多，台達幾乎所有產品都是跟著節能減碳走。」海英俊明白點出，把環保概念落實在企業經營上，利用節能就可以創造企業的經營績效。

　　由於能源管控是高科技產業節省成本、提升產能的重要指標之一，生產製造用電量占總用電量95％以上，以綠色廠辦來

看，可比傳統建築物節省 30% 的能源和 50% 的水資源，且透過良好的通風和採光設計，會帶來舒適健康的工作環境。

致力推動生產廠區節能管理，獲得良好成效，台達二○一一年至二○二○年累計實施 2270 項節能方案，用電減少超過1848 萬度電，減碳約 11,685 公噸二氧化碳當量。

探索「樓宇自動化」全新商機

鄭崇華的環保初心，把環保觀念深化全體員工內心，融入企業文化，已成為台達創新的 DNA。

進入二十一世紀後，順應趨勢變化，台達從節能趨勢中看見更大商機，逐漸從 IT（資訊科技）轉進 ET（能源科技），積極往綠能產業發展的決心。但不可諱言，一路走來像摸著石頭過河，只能努力多方嘗試。

樓宇自動化（BA），就是台達一路摸索出來的商機。

「BA 是二○一三年一場創意發想會議中掉下來的 idea。」鄭平記得非常清楚，那一年，在四十八小時腦力激盪下，確立了朝 BA 發展的構想和方向。

過去推動綠建築的成效有目共睹，很多人都要台達幫忙蓋或設計一棟綠建築，但台達不是建築師事務所，不會設計也不會蓋。但台達可以做些什麼？

站在推廣的立場，不斷地收集市場資訊、探索後，台達內

部開始有了新的思索。

　　由於從國際能源署的統計中發現，建築物的耗電量非常大，因此，降低建築能耗，是解決能源危機法門之一。其中，樓宇自動化即成為「節電」的最大平台，更蘊含無限商機。

　　「建築物裡面，有水、電、空調、安控，這些可以建構成一個自動化管理的系統，我們就往這些方向去想，最後決定第一步就是做系統整合，直接面對客戶。」鄭平說，當年朝 BA 方向走時，一邊做一邊學，慢慢積累、建構能力和經驗，再慢慢整合，有了更明確的新事業方向，最後在三個新事業單位，加上五個海內外併購案，二〇一七年，組成一個簇新的 BA 事業群。

　　對台達來說，BA 是一個全新的領域，出任首位 BA 事業群主管的鄭平說：「市場需要的和台達現有的產品並不相同，國際大廠都已經很有規模，要進入這個市場，併購是一個好的選擇。」

　　如同之前所提到的，透過策略性併購，台達開始在樓宇自動化領域大展身手，例如，二〇一六年，陸續併購奧地利的 LOYTEC，和加拿大三十年歷史的 Delta Controls 兩家樓宇自動化公司，以整合產品和技術實力，強化樓宇自動化領域的全球布局。

　　該年底，再併購台灣工廠管理及自動化軟體領導廠商羽冠

電腦；二〇一七年，公開收購在全球安全監控領導品牌的股票上市公司晶睿通訊。

提供全方位節能解決方案

早在二〇一一年，位於桃園三廠的台達桃園研發中心成立時，就被定位為「自動化智慧綠建築」解決方案的應用實驗場域。

桃園三廠是台達工業自動化事業的全球研發總部，也是整合旗下各項綠能、節能和自動化產品於一身，全面導入台達節能與工業自動化產品和控制系統，設置太陽能板、LED 照明、水資源處理系統以及再生能源供電等節能裝置。

自動化智慧綠建築是透過整合自動化技術，達到智慧節能的目的。一年預估可省下逾 500 萬元電費、減少約 1,000 公噸二氧化碳排放量；採用節水器具、雨水回收系統，可節水約 3,000 公噸，節水達 75%。

以電梯為例，內部有 7 部電梯，每按一次電梯鈕，節能監控系統偵測並啟動樓層距離最近的電梯到指定樓層，透過將電梯機控和驅動整合在單一芯體，簡化電梯配線，以提升智慧運轉效率。

搭電梯也能節能，每部電梯還安裝主動式電力回生單元，搭配永磁同步馬達，把回收電力再投入電梯的用電，使整體節

能效率超過 50％。

　　所有耗能資料和數據，都會完整收集、立即顯示在大樓內所有台達觸控式人機介面的產品，透過背投的大螢幕電視中控牆集中監控，甚至能連結全球各基地即時生產資料，管理者無論在何時何地，都能即時了解所有狀況，掌握最新動態。

　　以樓宇自動化解決方案為例，從空調、照明、機電、安防、消防等等樓宇控制整合平台，到後台管理，以物聯網為基礎，提供智慧建築服務，例如照明燈光設計、智慧路燈、智慧安防門禁、綠建築諮詢服務、室內空氣品質監測，都一併考量，建構完整智慧化管理大樓等一站式整合服務。

　　台達從建築節能出發，轉型到樓宇自動化、建築智能化的綠建築節能方案，不斷創新業務範疇，成為綠色節能解決方案的提供者。

　　「在全球的 BA 市場大概有一兆美元規模。」鄭平樂觀地說，但最主要的業務在空調，台達不做空調這一塊，因為全球 BA 界前幾大廠商，像西門子、施耐德電機、江森自控（Johnson Controls）都擁有空調廠。

　　BA 目前營收大約 4 億 5 千萬美元，換算成 130 餘億元新台幣，整體來看，占 8％淨利，對營運貢獻表現相當不錯。

　　「在 BA 領域，未來業績呈跳躍式成長的機會很大，可以靠整合、靠併購，加上產業差異性不大，有快速成長的機會。」

鄭平說出未來的願景。

因地制宜掌握綠能商機

位於美國北加州弗利蒙市（Fremont）的弗利蒙大道上，矗立一棟三層樓現代感的建築，這是二〇一五年十月二十二日正式落成啟用的台達美洲區總部，是台達邁向世界的前哨站，也是弗利蒙市綠色節能的新地標。

一九八〇年，台達在美國加州設立美國辦事處，兩年後，美國分公司正式成立，從一個車庫規模的小加工廠奠基，至今營業據點已遍布全美洲；美洲區總部大樓的啟用，別具時代意義。

美洲區總部大樓是知名建築師潘冀之作，也是弗利蒙市第一座獲美國綠建築協會 LEED 白金級認證的建築，採用淨零耗能設計概念，能自給自足供應能源。

大樓占地約五千坪，如同超大型展示間，包括產品和技術，全面導入環保節能解決方案，包括可再生能源系統、LED照明系統、電梯電力回生、電動車充電站、視訊設備，以及綠色資料中心等，全面應用台達的各種解決方案，落實全方位環保節能的理念。

和其他廠辦最大的不同點，美洲總部是第一座採用地熱能源的綠建築，用獨特的「地源熱泵系統（ground source heat pump system）」，以淺層地熱能源在夏天提供製冷、冬天供應熱源，運用天花板及地板輻射冷卻或加熱系統，做為空調系統中冷熱交換方式。

綿密的管線總長 147 公里，管線總面積超過 5 座美式足球場，藏身於地底、大樓地板、天花板，將地表下約 21℃ 的恆溫，透過管線內 1 萬 2000 加侖的水，不斷循環調節，在夏天地表溫度比地下溫度高的時候，吸收大樓的熱導入地下，再帶著地下的冷返回大樓，讓室內清涼舒適。反之，冬天時則可將地底下較熱的溫度，帶進室內。

這是台達第一次應用冷熱輻射地板和冷梁等先進空調設施，相較於傳統中央空調搭配冷卻塔及鍋爐的暖通空調系統，可減少約 60％ 的空調能耗量。

這套系統搭配節能變頻器以及屋頂的太陽能板等設備，使得建築全年的用電量不超過自身利用太陽能所發的電量，達成「淨零耗能 (Net Zero)」的高標準。

藉由太陽能系統的再生能源發電達 100 萬度電，相當於 90 戶家庭一年的用電量；大樓內同時規劃雨水回收裝置，14 萬加侖雨水回收系統的儲水量，約當 2 個月植栽澆灌用水量，成為一座真正淨零耗能的綠建築。

在電梯安裝能源回生系統，讓員工搭電梯時，還可以產生電能。由於空調占整個資料中心約 45％ 耗電量，白天藉由大樓

共用的高效率製冷系統，晚上直接引進室外冷空氣降溫，大幅降低空調耗電量，以提高能源使用效率。

台達因地制宜，跳脫傳統節能綠建築的意象，打造出兼具節能、儲能、智能等全方位功效的現代化綠建築，是在節能領域的代表之一。

從節能到創能

從節能出發，演進到二十一世紀，走向創能、儲能、控能，成為智慧能源解決方案的先鋒。

二〇〇四年，台達和工研院研發團隊合作設立旺能光電，以生產太陽能電池為主，和台達的太陽能轉換器組合成為系統產品，是跨入太陽能發電系統技術的第一步。

在二〇〇八年，陸續取得高雄世運館屋頂太陽能發電裝置，及台電台中火力發電廠深水池太陽能發電系統標案。高雄世運館是台灣第一個由內政部認證的「黃金級綠建築」體育場館，成為綠色運動場館的全新地標。

二〇一六年，在日本兵庫縣赤穗市山區，台達第一座自營的大型太陽能發電廠誕生，占地廣達 2 萬 9 千坪的台達赤穗節能園區，裝置容量 4.6 百萬瓦，年發電逾 550 萬度，是日本最大等級的分散式、特別高壓太陽能電廠，發電量估計可供應當地近千戶居民一年用電量。

赤穗市園區是綠能示範基地，導入先進的能源管理與監控系統和電池儲能系統等設施，為台達開啟創新的營運模式。

突破儲能技術，致力能源轉型

在台達基礎設施業務範疇中的能源基礎設施，包括電動車充電設備、儲能系統、可再生能源、高功率馬達驅動等等，扮演愈來愈吃重的角色。

由於台灣的「用電大戶條款」即將上路，在綠電和現行電網併網將需要儲能系統進行緩衝、調節，近年來，台達在綠能應用的太陽能變流器、風力發電變流器產品線齊全，積極轉型發展再生能源及儲能市場，成功地整合創能、儲能、能源管理和領先業界的電源轉換技術，在可再生能源領域大顯身手。

一座 40 呎的貨櫃，不僅是運送貨物的空間，還可以變身為蓄電的電池！

台達創新研發的儲能方案，將二個 40 呎儲能貨櫃併聯後，可以供應一小時三千度電，相當於一戶家庭 10 個月的用電量。這是台達為工廠和社區創新打造的智慧型微電網，瞄準的是綠能新世代的儲能商機。

儲能設備有三種，一是電池儲存設備，是電力調度的核心；二是電力調節系統（PCS），將太陽能、風力發電等再生能源提供的電力和既有電網調節、整合；三是能源管理系統

（EMS），是電力系統的大腦，確保電力系統運作順暢。

研發電池技術長達二十幾年，早在一九九七年，台達即和日本湯淺合作，設立湯淺台達，發展鎳氫電池。二〇一六年，台達和擁有鋰電池專利及生產技術的日本三菱重工合作，並成立儲能元件事業部，研發出更具效率的鋰電池儲能元件。

此外，研發獨特的貨櫃型電池模組，把電池置放在貨櫃中，可用來儲存從太陽能、風力發電等綠電，或是透過台電電網在離峰時充電、尖峰時變成供電方，確保工廠、社區等的用電平穩，以減輕台電大電網尖峰供電壓力。

換言之，儲能設備等於是一套智慧型微電網，可做為緊急備用電源和電動車充電站，以儲能系統支援停電及瞬間的大量用電需求，扮演穩定電力供應的角色。

跨入微電網、智慧電網儲能系統

相較於傳統電網，風力發電和太陽能等分散式電網，因電源不穩定，需要管理，提供符合分散式能源電網架構的基礎設施解決方案，區域電網即成為新的商機。

除了在日本關西赤穗市電廠建置 2 座儲能設施之外，也導入多項實例，如二〇一七年，和台電合作在樹林綜合研究所裝置第一套電網級儲能系統；二〇一八年底，台電高雄永安太陽能電廠，以及中油嘉義建置台灣首座綠能轉型示範站，提供加

油站用電和電動機車充電使用。

　　二〇一七年和台電綜合研究所協助建置儲能系統做為實驗場域，以金門做為「智慧低碳示範島」，二〇二〇年聯手設立全國最大也是首座併入電網系統、可實際接受即時調度的 2 MW 儲能系統，金門夏興電廠啟用，未來如遇跳機等突發電力事件，將可在 0.2 秒內瞬間供電救援，較過往傳統備用機組快上數千倍。

　　同時，也在彰師大設置百萬瓦級儲能示範系統，正式跨入台灣離岸風力發電產業；在彰濱太陽光電場建置的百萬瓦級儲能系統，完成驗收交付工研院併網啟用，實現智慧電網的願景。

　　近年來，在推廣電動車同時，也積極推動電動車充電解決方案，台達看到的是，充電樁背後龐大的能源管理商機。

　　充電基礎設施不只是替汽車充電，還要和電網相連，從設計、製造、建置，提供一站式服務，並搭配儲能系統，和微電網、市電、儲能系統整合調度。

　　隨著 5G 行動通訊技術商轉，透過物聯網技術的精進，台達將有效率的智慧電網帶進民眾的生活，協助轉型為智慧城市和低碳交通。

　　且幫助成功為全球上千個客戶導入一站式解決方案，不僅為客戶節省營運成本，更提升全球競爭力。

資料中心耗電量是辦公室一百倍

一座一座黑色的機櫃，整齊劃一地排列著，這裡是位於台北內湖總部的 IT 資料中心，綜管台達全球各地廠區運籌帷幄的資料，採用資料中心基礎設施解決方案架構，工程師可以遠程監控數據中心，安全、可靠且易於管理。

二〇一九年台達總部 IT 資料中心獲得 LEED V4 ID+C 白金級認證，為全球首座獲此認證的綠色資料中心；位於上海的吳江 IT 資料中心也獲得金級認證；兩座綠色資料中心，為全球客戶提供最佳的服務展示。

身為電源管理與散熱管理解決方案的提供者，台達是全球各大電信營運商的通訊電源解決方案主要供應商，占有舉足輕重影響力。

隨著資訊處理、通訊技術的飛躍發展和普及，IT 設備的成長速度相當驚人；而目前全球數據中心的電力消耗總量，已占全球電力使用量的 3％。數據中心是一年 365 天、每天 24 小時，機器都要維持正常運轉服務，系統不能斷電，還必須防止伺服器機房過熱；因此，資料中心耗電量是同規模辦公室的一百倍。

以傳統資料數據中心的能耗來看，主要來自伺服器、其他 IT 設備、空調系統、供配電系統和照明等，其中，最耗費電能

的，則是空調。以大型資料中心來看，一年電費可能高達數千萬美元，能源效率若差異 1％，節能效益就相當可觀，因此，資料中心的節能，勢在必行。

台達二〇一二年研發出新一代的資料中心基礎架構解決方案──InfraSuite，包含電源系統、精密空調、機櫃與配件及環境監控管理系統等四大模組，可為客戶提供一站式整合服務，建造時程快速又方便，可有效協助企業降低建置成本。

二〇一七年，再創新推出預裝式貨櫃型雲端資料中心，將傳統機房設備縮小在 20 呎貨櫃內，可裝置 480 台伺服器、7680 個處理器核心、60TB 的主記憶體和 2.88PB 的硬碟儲存量，大幅節省資料中心使用空間，且可提供彈性的電力架構配置，並整合高效的散熱系統、智能監控軟體，蘊含無限商機。

二〇二〇年台達資料中心解決方案業務推展大有斬獲，先進的模組化資料中心解決方案（POD），獲得國際權威的資料中心認證機構 Uptime Institute TIER III 認證，長期可靠、高效節能的特性已獲國際認可，具有相當的競爭優勢。

從智慧建築、智慧電網到智慧城市

未來是凡事「智慧化」的時代，台達能源基礎設施事業群總經理張建中心中期望的願景，藉由打造「互聯生智高效控能」高度整合的能源設施解決方案，運用數據化分析背後資

料，提供最人性化、數位化的整合服務，成為未來重要的生意模式。

「台達所有的基礎設備未來都會使用統一碼（one code）而且要能萬用，不管什麼設備，隨插即用，不需要再重新寫程式，設備和設備就能用相同的語言溝通；然後所有的設備都聯網，連上雲端，所有大數據就可以分析、應用，找出優化點。」張建中描繪出互聯生智的科技未來。

從節能產品，到可再生能源應用、能源管理優化、工廠節能自動化方案、家用節能產品等整合系統方案；台達從家庭節能、智慧工廠、智慧建築大樓，延伸到電網，再延伸應用到智慧社區或智慧化城市等，不僅創造出無限商機，更打造出更美好的未來。

鄭崇華始終懷抱綠色之夢，堅持走在環保的路上，從節能到儲能的創新實力，台達以終為始，一步一步朝能源轉型的路前進，走出一條更寬廣明亮而美好的路。

鄭崇華的經營心法：

- 「對社會、對地球有益處的事，絕對要做。而且『現在不做，將來會後悔』。」鄭崇華說。

- 實踐綠色環保的信念，不但是台達創新的根源，也為企業帶來商機，成為台達永續經營發展重要的一環。

- 鄭崇華秉持環保初心，並把環保觀念深化全體員工內心，融入企業文化，成為台達創新的 DNA。

Part IV

利他

——永續與傳承，台達的公益心與教育魂

從初二到大學畢業，身在異鄉的鄭崇華以校為家，天天憂慮的事，就是要怎麼樣活下去？

靠著師長的幫助和滋養，讓他走出困境，順利成長，對此他始終心心念念，無限感恩。出了社會，創辦台達有成後，鄭崇華把昔日接收到的人情溫暖，化成一顆顆種子，種下福田，讓希望發芽；搭建無數平台，讓夢想起飛……

數十年來，他將這股利他的力量發揚光大，積極回饋社會，做善事、植善苗，成立基金會，設獎學金、辦講座、捐建綠建築、成立磨課師，全心全意培育人才、為環保節能、為永續發展努力，堅持做「對社會有價值的事」，將溫暖的火炬繼續傳遞下去，照亮這個世界，也照亮更多人。

17 飲水思源，廣植善苗

　　那個曾經孤身仰望星空的少年，在電子科技打拚出一片天，他懷著湧泉以報的心情，回饋社會的利他精神，就是代替那個曾經以校為家、曾經不知道明天在哪裡的少年鄭崇華，真心感謝這片土地，以及所有幫助過他、孕育他苗壯成長的感恩心意。

　　一九五〇年代初，台中一中偌大的操場上，經常有一位個子不高的少年，晚上會數著天上的星星，思念著因戰亂而分隔兩地的家人。

　　那是青少年時期的鄭崇華，隻身在台的他，必須忍受著孤寂的生活，並把學校當成家一般看待。

隻身在台，半個饅頭之恩

　　鄭崇華十三歲隨三舅到台灣讀書，一年多後，原本在台中一中任教的三舅，找到其他工作離開台中，留下他一個人在台中一中繼續高中學業。

　　學校開課時，宿舍食堂開伙，他不用擔心三餐；但放寒暑

假時，大家都回家後，食堂不開伙，他就常為自理三餐而苦惱。

當時台中一中有二十來位單身老師住在教師宿舍，老師們會自費組伙食團，三餐有廚工煮食。若有老師外出時，有時飯桌會有空位。一位特別疼愛他的數學老師汪煥庭，知道他沒飯吃，就會叫他去補空位，打打牙祭。至今，他仍相當感謝汪老師的關愛和照顧，讓他在困窘的生活中，獲得一點溫飽。

如果沒有免費的飯吃，怎麼辦？

「就從後校門翻過圍牆，出去買饅頭吃。」鄭崇華說，因為生活費有限，平常連一碗陽春麵也捨不得吃。不過，學校後門口，有位退伍軍人自製販賣山東饅頭，又大又好吃——重點是便宜。

有一天，他照往例買了一個饅頭。「一個夠不夠啊？吃得飽嗎？」山東老兵問道。鄭崇華沒吭聲。「再送你一個。」老兵多拿了一個饅頭給他。

「我吃不了一個。」他連忙搖手說。饅頭很大，吃一個不夠飽，兩個又太多。老兵就撕了一半遞給他，另一半自己吃。

「他一個人在台灣，日子很辛苦，自己很省，怕我吃不飽，卻不吝惜把饅頭送給我吃。」鄭崇華說著近七十年前的往事，緬懷著兩人彼此惺惺相惜的情誼。

「我應該回去找他們的。」他悠悠地說。半個饅頭、免費餐飯的恩情，他感念一輩子。但昔人已故，無法當面對恩人致上

最深的謝意，是他心中永遠的遺憾。

他把無法實現的感恩心意，化作福田的種子，滙聚成回報的能量，在事業有成後，鄭崇華也設獎學金與捐助學校，讓更多清寒學子可以專心向學，不為生活所苦。

受人點滴，湧泉以報

當年，鄭崇華以校為家，為養活自己，除了在學校打工，賺取微薄的收入外，還請領閩北同鄉會獎學金，金額雖不多，但貼補部分生活費用，不無小補。

得之於人者太多，他始終惦記著受人點滴，期待他日能湧泉回報。

一九八八年十二月十九日，台達電子股票掛牌上市。那一年，藉著股票上市的光景，鄭崇華一口氣捐贈台大、清大、成大……等大專院校和母校台中一中，於各校設立「台達電子獎學金」。逾三十年來，已嘉惠上千名家庭經濟貧困的學生。

事實上，鄭崇華早在事業有成，行有餘力時，他就開始回饋社會和家鄉。

例如，早在一九七九年，他在擔任財團法人台北市閩北同鄉會理事長時，提供獎學金資助台灣優秀的學生和清寒子弟。一九八九年，再開放大陸閩北地區學子跨海申請獎助學金，嘉惠兩岸學子。

　　回憶小時候在水吉鄉的生活，是他一生中最難忘的歲月，加上感念父親的教導啟發，一九九八年，鄭崇華及太太謝逸英以他父親之名，共同出資設立「鄭政謀獎助學金」。鄭家世居建甌市，秉著回饋鄉里的胸懷，以閩北地區建甌、建陽、武夷山等地區高中畢業，考上大學的品學兼優、家庭經濟困難的學生，頒發獎助學金資助他們向學。

　　二十餘年來，鄭崇華夫婦捐資幫助逾 1,300 名來自閩北的貧困大學生一圓大學夢。

員工進修，老闆補助

　　鄭崇華對待員工如同自己的子弟般，如果員工有進修的需求，他都願以實質的補助，支持員工積極學習的上進心。

　　陳錦明，現任台達資通訊基礎設施事業群協理，是鄭崇華印象中第一位資助進修的員工。當時是在現任台達資深副總裁暨乾坤科技董事長劉春條的舉薦之下，由公司資助他持續進修，後完成學業也持續在台達服務。

　　鄭崇華也曾因台達能訓練出優秀工程師，讓日本客戶感到非常驚豔，後來甚至拜託鄭崇華幫忙，在台灣招聘工程師去日本。後來在與同仁討論後，乾脆就送三位同仁到日本客戶端幫忙，也讓台達的工程師能學習到客戶端最新的技術。

　　不過，最戲劇性的故事，則是台達電子前副總裁暨零組件

事業群總經理，許榮源的故事。

一九七二年，許榮源十九歲，高工剛畢業，那是台達成立的第二年，報到後即被錄取進入台達工作，但工作後不久，他被徵召服兵役二年，退伍後重回台達。

十八年後，一九九○年，那時台達已跨出國際化的腳步，許榮源已年近四十歲，新竹高工機工科畢業的他，深感所學已跟不上公司成長的步伐，他決定申請留職停薪，赴美國進修自我充電，一方面加強語文能力，一方面充實專業知識，同時擴展國際視野。

鄭崇華得知許榮源的出國進修計畫，大力嘉許。體恤員工的他，馬上想到，可以由公司提供生活補助費用的實質幫助。

但許榮源聽到老闆的想法後，連忙說：「既然申請留職停薪，怎麼可以再跟公司拿錢！」他早已安排好財務規劃，因而婉拒鄭崇華的美意。許榮源後來學成後也回到台達，最後也選擇在台達退休，年資長達四十年。

鄭崇華具有培育人才的前瞻思維，卓越的研發創新能力，更是台達公司成功的關鍵。公司每年編列大筆預算，提供員工在職受訓或出國進修；以二○一九年為例，台達全球培訓支出高達 1,033 萬美元（換算約新台幣 3 億元）。

相關部門在制定進修制度時，曾有人建議，強制性要求受訓員工簽署服務三或五年的留任合約，但鄭崇華卻極力反對。

他語重心長地說：「契約只能留住人，而不是他的心。」向來帶人帶心，他深諳人性管理的真義。

點亮泰北華校學子的未來

二〇一九年三月，鄭崇華走訪泰北，這是他的第二次泰北行，在美斯樂、滿星疊、滿堂、茶房等地區的華文高中，受到當地華僑拉著紅布條熱情地歡迎。

鄭崇華和泰北華校淵源，要從三十年前開始說起。

一九八八年，台達股票上市時，也面臨台灣勞工成本高漲、工人短缺的大環境劣勢。為了消化訂單，跨出台灣、邁向國際，成為許多產業不得不的選擇。

相中泰國投資環境和供應鏈的穩定性，一九八八年，台達電子到泰國設廠，設立了東南亞第一個據點——泰達電子。

當年，泰達電子所在的泰國曼谷挽蒲工業區是一片沼澤荒地，不到一年時間，廠房就完工生產，順利出貨。

能以超高效率完成建廠的關鍵是，泰達當初雇用一批畢業自台北工專的泰國僑生。這批僑生大多是就讀泰北華文學校，到台灣留學畢業後，被招攬到泰國工作，不僅擁有技術專業，且熟悉台灣和泰國兩地的文化，這些員工陸續擔任廠長及中高階幹部。

在一次和鄭崇華會面的機緣下，他們提及，希望有朝一日

能回饋栽培他們的泰北華校。他們飲水思源、知所感恩的心意，讓鄭崇華深受感動。

二〇〇一年，台達基金會和泰達廠共同付出行動，在泰北華文學校成立獎學金，認養清寒優秀的中學生，提供獎助學金，及不定期提供軟硬體補助；之後，獎助項目也向下擴及小學，二〇〇六年更增加發放來台就讀大學的泰北僑生獎助學金。

二十年來，贊助獎勵獎學金已累計超過 5,000 人次，包括清萊、清邁等地約 150 所中小學均受惠，120 餘位學生，接受獎學金資助來台念大學。

除了培育人才外，台達也協助泰北華校改善必要的教學設備，並導入最新研發的節能以及投影設備。包括協助更換淨水設備、改善衛生設備、更換有致癌風險的石棉瓦外，也提供四所高中學校數百支 LED 節能燈管，與可用上萬小時的雷射超短焦投影機，搭配互動式電子白板，打造出 4 座節能教室 Delta Green Classroom。

當地華校有遠從香港支援泰北教學的博士班志工，在鄭崇華的面前，熟練地操作著電子白板並笑著說，這與香港中學的設備已經是同等級了，想不到泰北偏鄉學生也能和大城市的學生一樣，能使用最新的科技進行學習。

與大學合作，引進頂尖人才

　　除了提供獎學金給清寒優秀的學生，有鑑於過往台灣高等教育僵化的薪資條件，他選擇將個人所擁有的部分台達股票，捐贈到清華大學、成功大學以及台灣大學。由股票配息所產生的資金，每年除資助清大「孫運璿講座」、成大「李國鼎講座」，招募全球頂尖的學者來台授課，以及給予許多老師的相關的鼓勵外，亦資助三校最前沿的先端研究，不論像是重力波、智慧電網、燃料電池等。

　　鄭崇華說，利用台達股票的配息，比捐一筆錢放在銀行生利息，能做更多的事。他也認為員工們為公司辛辛苦苦賺來的錢，不應該被亂花，而是拿來做更多對社會有意義的事，也因此每一筆的支出，都會由三所學校做嚴格的審核，務必讓影響力發揮到最大。

　　除此以外，對於研究醉心的他，也與像是交通大學、中央大學、中央研究院等，自掏腰包進行基礎科學研究，產出的成果對於節能減碳，或是減緩氣候變遷造成的衝擊，也都有所幫助。

　　鄭崇華自少年時期，對天文物理所發生的興趣，也讓他在基礎研究上願意做更多的投入。他個人長期與中央大學天文所合作，除共同贊助台灣口徑最大的兩米天文望遠鏡外，亦為全

球的青年天文學者設立「台達年輕天文學者講座」，邀請全球優秀天文物理新秀來台演講，亦走訪包括中央大學、台達與台中一中。

與鄭崇華有著好交情的彗星專家、中研院院士葉永烜說，說不定這些年輕的學者，哪天就得了諾貝爾物理學獎，而台灣的學生與工程師，將因為鄭崇華所設立的這個獎座，而接觸到人類對宇宙探索的最新知識。

由於在產業界的貢獻卓著，加上慷慨捐輸、關懷教育，鄭崇華備受多所大學肯定，獲頒榮譽博士學位，並有一顆編號168126的小行星是以「鄭崇華」命名，表彰他對推動環保的貢獻。

鄭崇華回饋社會的利他精神，是代替那個曾經以校為家、曾經不知道明天在哪裡的少年鄭崇華，真心回報這片土地，孕育他茁壯成長的感恩心意。

鄭崇華的經營心法：

- 帶人帶心，「契約只能留住人，而不是他的心。」

- 受人點滴，他日行有餘力，就湧泉以報，回饋社會。如果員工有進修的需求，老闆應該要支持員工積極學習的上進心。

- 培育人才的前瞻思維，卓越的研發創新能力，是台達公司成功的關鍵，因此不吝於每年編列大筆預算，提供員工在職受訓或出國進修。

⓲ 低調點燈，多方培育人才

——照亮世界的美好未來

　　隨著雲端運算、工業 4.0 以及電動車的發展，電力電子產品設計、開發，也正展開全面性的革命。

　　二十幾年前，中國大陸電力電子基礎科學不被重視，師資和人才的待遇，和資訊電腦科技領域比較，都相對處於劣勢，但如今中國電力電子卻在全球占有舉足輕重的地位。

　　改變這個形勢的關鍵人物，就是鄭崇華。

　　二十年前，他種下福田，每年資助北京清華大學等中國大陸十所重點高校電力電子及相關學科院系，進行科研發展與人才培養，成就中國電力電子科學展現今日的局面。

從維吉尼亞到上海的實驗室

　　為強化台達在電源供應器的技術能力，以達到國際水準，自從台達一九八〇年初期投入交換式電源供應器領域後，隨即積極向國內外學界尋求合作研發創新。如前面曾經提到過的，鄭崇華當時到全美國各大學拜訪，發現維吉尼亞理工大學的電

力電子學中心（VPEC）是全球最頂尖的交換式電源供應實驗室。

VPEC 實驗室主持人李澤元博士，正巧是成大校友，兩人對於交換式電源供應器發展的想法，非常契合，促成了雙方合作的契機。台達即提供獎學金給實驗室，研發出來的技術則提供台達使用，台達也經常派工程師到 VPEC 交流學習。

後來，鄭崇華想在維吉尼亞理工大學旁，如同許多大公司般，獨立成立一所實驗室。但鄭崇華提出此想法時，李澤元教授則罕見地沒有搭腔，因為李教授知道，這將會花費不少的經費，對當時的台達會是不小的負擔。不過，鄭崇華認為，投資在研發上，是台達必然要走的一條路，咬著牙就簽下了租約；一九八九年八月，台達電力電子實驗室誕生，後來也證明這項投資並沒有錯，由這個實驗室確立許多台達的研發優勢。

因台灣人工成本高漲，一九九二年台達轉進中國大陸設廠，耕耘多年後，計畫加大研發能量，因此在上海設立實驗室。

一九九九年，台達電力電子研發中心（Delta Power Electronics Center, DPEC）在上海浦東成立。台達邀請到清華大學、浙江大學及南京航空航天大學等知名的資深電力電子領域教授，參加開幕典禮。

會場中，多位教授和鄭崇華交談時，提到中國大陸電力電子基礎技術的現況。大家都體認到，電力電子領域的科技對國

家社會的未來發展，深具重要性；然而，早年，中國大陸因經濟相當匱乏，科學研發環境條件不佳，資金、設備和人才都嚴重不足，許多年輕教師有機會出國深造後，都不願再回中國。

當場，鄭崇華冒出一個念頭：「我可以如何幫助他們？」

催生「台達電力電子科教發展計畫」

在場的南京航空航天大學教授丁道宏，當時則跟李澤元提議，可以在中國大陸設置「台達電力電子科研基金」，以鼓勵各電力電子重點大學，專注在電力電子方面的應用基礎研究，以鼓勵創新發展。

在李澤元及大陸多名教授熱心協助下，二〇〇〇年，台達電力電子科教發展計畫因此誕生。二〇〇二年，鄭崇華透過成立台達環境與教育基金會資助科教發展計畫，邀請李澤元擔任計畫主持人。

科教計畫啟動的第一年，就撥款給清華大學、浙江大學、南京航空航天大學等三所學校，提供電力電子和電力傳動領域的教師申請科學研究經費。二〇〇一年，增加西安交通大學、華中科技大學、上海大學等學校，二〇〇五年再增加北京交通大學和哈爾濱工業大學；後來再增加上海交通大學、合肥工業大學等，累計十所高校。

二十年來，台達科教發展計畫已獎勵無數學者和優秀青

年，資助的科研專案近 300 個，但研究發展的成果，卻不一定貢獻給台達使用，鄭崇華認為，只要對社會有幫助，就達到他贊助推展的目的。

在科技計畫推動的前五年，研究開發甚至不限項目，後來則緊扣台達的經營使命，偏重節能環保綠色等項目，漸漸顯現科教計畫在能源發展上的影響力。

中達學者計畫，賦予最高榮耀和高額獎金

某次，鄭崇華和「中國工程院」院士、北京清華大學教授韓英鐸見面時，他微笑地對鄭崇華說：「你們企業界到學校來要很多人才，代表我們的教育教出來的學生，非常受歡迎，大家搶著要，讓我們很有成就感。」

他話鋒一轉，憂心地說：「可是，企業界把我們的根都挖掉了。」他明白地點出現實，原本許多可擔任教授或系主任的儲備人才，都跑到企業界去，造成學術人才流失。

鄭崇華一聽，心想：「這確實是個隱憂，長期下來，師資和人才會造成問題。」

香港長江實業創辦人李嘉誠，一九九八年開始，在大陸出資贊助設置「長江學者獎勵計畫」。受此啟發，李澤元當時即建議鄭崇華：「不妨也在中國大陸各大學的電力電子領域，設立類似的優秀教師獎勵計畫，以留住華人年輕學者。」

這個提議讓鄭崇華大為讚許。

二〇〇一年「中達學者計畫」開始實施，每年選出中國大陸優秀教師兩名，授予「中達學者」的榮譽稱號，而且資助金額甚至超過國際電力電子領域的最高榮譽——「國際電氣電子工程師協會電力電子 NEWELL 獎」的額度。

台達賦予的中達學者的稱號，獲選者都是該領域的領導人、出類拔萃的人才，獎勵、頭銜和榮耀，在學術界有相當的評價，給了年輕教師堅持留在大陸工作的鼓勵，成為中國大陸電力電子領域所有教師心目中最高的榮譽。

為了讓優秀的學者有機會到國外學術機構交流，擴大視野，二〇〇五年，設立「台達訪問學者」、「台達高級訪問學者」等獎勵；二〇〇七年，又設立「中達青年學者獎」，以鼓勵此領域四十歲以下的優秀青年教師，有機會走出去，和國際交流進修學習。

多方培育人才，創造善的循環

由台達主辦，每年一度的電力電子新技術研討會，原本只是要進行科教發展計畫資助的科研項目匯報交流，共舉辦電力電子新技術研討會二十屆，儼然成為中國大陸高校電力電子和電力傳動學科的重要學術交流平台。

累計到二〇二一年，台達資助的電力電子科研專案多達

302 個；獲評選中達學者獎勵的共計 32 位；中達青年學者獎 22
位；台達訪問學者 20 位。

同時頒發優秀研究生台達獎學金，累計受惠的研究生多達
1,300 人次。得獎者參加領獎儀式，也會受邀參加電力電子研討
會，和各知名學者專家交流，學術交流、學科發展。

在台達科教計畫設立之初，就得到許多電力電子領域重量
級學者的支持。尤其是北京清華大學電機系的教授蔡宣三，在
多年前，為了順利推展科教計畫，已退休的他，捨棄安逸的生
活，在各大學間奔走促成，即使生重病仍忍著身體不適，堅持
參加研討會。

鄭崇華為蔡宣三的精神所感動，在他逝世後，台達特別在
北京清華大學設立「蔡宣三獎學金」，資助已逾十年。

另外，上海大學機電工程與自動化學院的教授陳伯時，是
大陸電力傳動控制領域創始人之一，也是奠基上海大學電力電
子與電力傳動學科的開拓者。

為獎勵優秀學生，陳伯時個人捐贈人民幣 50 萬元設立獎學
金。台達也受到他的精神感召，捐助上海大學機電工程與自動
化學院設立「台達陳伯時獎學金」，獎勵有志投身科學研究的
優秀博士生。

鄭崇華連續二十多年無條件的資助台達科教計畫，無私的
奉獻帶來良善的循環。

培育環保節能和法學師資、人才

台達落實「環保、節能、愛地球」的經營使命，效法「台達電力電子科教計畫」設立的精神，同樣不遺餘力，培育中國大陸地區環保節能相關法學的師資和人才。

從二〇〇五年起，台達陸續資助大陸八所大學及學院，發展環境資源與能源法學科，包括，清華大學、北京大學、中國人民大學、中國政法大學、武漢大學、中南財經政法大學、上海交通大學，和鄭州大學等重點高等學校。

此外，更於二〇一一年發起「中達環境法學者計畫」，二〇一八年進一步催生出「中達環境法學教育促進計畫」，和八所重點高等學校合作，推展中國環境資源與能源法學科的發展，並獎勵環境法學科中具有優異成績及創新思維的學術人才，推動各相關學科學術交流和人才培養。

計畫設立「中達環境法學者」、「中達環境法青年學者獎」等獎項，另外，舉辦「中達環境法論壇」，提供環境法學科研究生學位論文獎學金及優秀學位論文獎。

歷年來，總共獎勵 6 位「中達環境法學者」、16 位「中達環境法青年學者」，共頒給「中達環境法優秀學位論文獎」30人次，及「學位論文獎學金」高達 326 人次，且連續舉辦了八屆中達環境法論壇，促進各相關部門之間的環境法學科的交流

和研討。

　　台達積極培育環保的師資及人才，在環境資源及能源法的
領域，培養出更多的優秀人才，將為地球環境帶來更深遠的影
響力。

鄭崇華的經營心法：

● 利他的精神，可帶來良善的循環，不僅可成為企業
　的戰力，也為整個業界和地球環境帶來正向的影
　響。

⑲ 打造綠色未來，以賽促學

「環保、節能、愛地球」是台達自始以來不變的理念，多年來，鄭崇華不遺餘力培育兩岸年輕華人綠建築人才，冠名贊助的「台達杯國際太陽能建築設計競賽」，至今已連續舉辦了十五年；二〇一三年底正式啟動「台達杯高校自動化設計大賽」，也持續在校園扎根；另外也透過台達基金會歷年來大手筆地提供獎金、獎學金，贊助活動和各項教育進修機會，培育出未來更多的綠色推手。

四月二十二日是世界地球日，二〇一一年的這一天，在中國大陸四川北部的綿陽市楊家鎮，一座以節能環保概念打造的「楊家鎮台達陽光小學」，在汶川震災後的土地上落成重生，帶來希望和生機。

一大群等待新校舍揭牌啟用的小學生，在看到捐助人鄭崇華出現在校園時，紛紛一擁而上，每個人都熱淚盈眶。

台達陽光學校，綠建築校園

時光回到二〇〇八年十二月。四川汶川一場芮氏規模 8.3

的大地震，造成四川數百萬間房屋倒塌損毀、數萬人死亡的慘況。

強震後，台達發揮愛心響應賑災，以專款重建位於綿陽、災情嚴重的楊家鎮小學。

鄭崇華在二〇〇九年六月一日首度造訪楊家鎮小學，看到師生在木板臨時搭建的教室裡上課，他心中暗自立下願望：「希望下次我們來到這片土地的時候，能看到一個嶄新的學校。」

三年後，二〇一一年，他再次踏上楊家鎮，為楊家鎮小學落成啟用揭幕。

當鄭崇華拉下紅布條時，「楊家鎮台達陽光小學」幾個金色的字，在陽光下，閃閃發亮。這是一所全校式綠建築校園。

「看到這麼多可愛的小朋友，終於可以在新校園良好的環境上課，開心地學習，我心裡既欣慰又高興。」在簇新的校園內，他滿臉欣喜地說。

二〇一三年，四川雅安又發生芮氏規模 7 級的大地震，台達同樣付出愛心，再捐助蘆山縣龍門鄉重建學校，二〇一五年台達陽光初級中學落成啟用，為災區再添一所全校式綠色建築校園。

太陽能建築設計大獎，從設計圖到實體

兩座相隔多年興建完成的台達陽光學校，有一個共通點，

兩個興建案的藍圖，都是採用自二〇〇九年「台達杯國際太陽能建築設計競賽」中，榮獲一等獎的設計方案。

為配合川震災區重建，「陽光與希望」就是二〇〇九年台達杯太陽能建築設計競賽的主題。

始終秉持「環保、節能、愛地球」使命的台達，在二〇〇六年八月，因為彼此理念的契合，與前大陸國務院參事石定寰和中國可再生能源學會達成長期合作共識，冠名支持「台達杯國際太陽能建築設計競賽」，至今已連續十多年贊助舉辦競賽。

參賽的對象，則鎖定海內外高中高等學校、設計院及產業界培養的設計師；台達希望透過競賽平台，徵集好的設計圖，並能將構想建築實際呈現出來，以賽促學，鼓勵未來的建築設計師，在學生階段就接觸綠色建築，強化創新精神，培養太陽能、綠色建築設計人才，以推廣綠色建築及應用可再生能源。

競賽每兩年舉辦一次，由國際太陽能學會、中國可再生能源學會主辦，台達集團協辦。至今，共有來自 90 餘個國家隊伍參賽，累計多達 8,700 個參賽團隊參加競賽，提交的有效作品共計 1,724 項。

這項競賽設立的目標，是要把太陽能建築技術應用落實到現實生活中，讓更多民眾體會綠色建築的好處，讓綠建築真正融入人們的生活。

而歷年來得獎的作品中，則有五項作品的構想，被落實興

建成為實體建築，讓更多人真實體驗綠建築的好處。

除了前面提到的兩座台達陽光學校外，在二〇一四年，雲南魯甸縣發生地震，台達也宣布捐助專款用於重建受損的校舍，重建巧家縣大寨中學台達陽光教學綜合樓等，也是採用二〇〇九年的一等獎作品方案。

三座台達陽光建築的完成，落實了台達推廣綠色建築、實踐企業社會責任的實際行動。

值得一提的是，二〇〇九年台灣發生莫拉克風災（八八風災），同樣經歷過天災無情襲擊的楊家鎮小學，為回應台達集團的愛心義舉，全校 600 餘名師生發動愛心捐款，學校重建工程公司也共襄盛舉，總共募集 7,000 多元人民幣，作為台灣災區助學的善款。

雖然捐助金額不多，但捐助人集體簽名表達對台灣災區人民遙遠的祝福和真摯的關懷，回饋台達無私捐助重建學校的大愛，發揮以善引善的作用，讓愛的循環無限延伸。

太陽能建築技術應用在現實生活中

位在蘇州市吳江區同里古鎮的同里湖畔，一棟一棟接連著的「中達低碳示範住宅」，實現了二〇一一年台達杯國際太陽能建築設計競賽的一等獎作品——「垂直村落」。

以「陽光與低碳生活」為主題的二〇一一年建築競賽，由

台達出資興建，在蘇州同里湖畔實地建設，把兼具科技創意和環保理念的設計方案，變成真正可以居住的中達低碳住宅，成為又一個可供觀摩、體驗的綠建築實體社區。

「垂直村落」是汲取江南傳統建築的文化精髓，將水鄉建築文化特質，反映在現代化多層建築中，以「粉牆黛瓦」作為色彩基調，同時，以環境共生住宅的設計構想，運用低碳技術，並採用台達樓宇智慧化系統，打造出一個兼具居住高舒適度、能源利用高效性，以及建築節能的智慧化低碳住宅聚落。

另一個實現的得獎作品，則是把二〇一五年「陽光與美麗鄉村」主題，榮獲一、二、三等獎和優秀獎的多種設計方案，在青海省湟源縣兔爾幹村實地建設，被列為青海省「科技促進新農村建設計畫」專案，落實科技創新支撐新農村的建設。

這是台達杯競賽得獎的作品，首次以成組興建方式呈現，且融合在地民族文化元素。該專案充分運用被動太陽能建築技術和綠色建築技術，採用屋頂太陽能光伏發電和分散式微網，使用光伏發電電力的碳纖維地熱採暖及熱炕，並融入當地的建築元素，實現增量成本少、使用舒適度高的低能耗宜居經濟型農村住宅建設目標。

透過教育的方式，台達杯太陽能建築競賽落實從校園、住宅到公共建設，從單一建築到成組示範，在地域上則涵蓋多個氣候特徵的區域，多樣貌地推廣綠建築概念。

至於歷屆的主題，則涵蓋了新農村建設、美麗鄉村、城市住宅、現有建築改造、陽光小學、養老住宅、幼兒園等各式各樣的建築類型，利用可再生能源技術，打造健康、低碳、綠色的新生活。

隨著競賽的影響力不斷擴大，參賽作品逐屆增加，日益獲得關注。而這個競賽，也逐漸打造成共享綠建築行業智慧、新能源應用服務、創新人才的培養、以及低碳理念傳播的平台。

鄭崇華透過培育年輕的華人綠建築人才，多年來不遺餘力，成為打造綠色未來的最大推手。

迎向工業 4.0，創高校自動化設計大賽

台達在發展智慧製造過程中，深感人才匱乏帶來的困境。為了突破人才發展瓶頸，配合工業 4.0 時代的趨勢，向下到大學校園扎根，在二〇一三年底正式啟動「台達杯高校自動化設計大賽」，也逐漸打出名號。

這項競賽是由中國大陸教育部高等學校自動化類專業教學指導委員會、中國大陸的自動化學會等主辦，台達集團承辦，就是希望能和全世界各地大學、學院等高等學校合作，發掘、培養更多的人才。

二〇二〇年，這項競賽將進入第七屆，為順應智聯網的趨勢，正式更名為「台達杯國際高校綠色智慧製造大賽」，緊扣

工業 4.0 和智慧製造發展兩項主軸，設立創新設備、智慧工廠和未來生活等三個主題方向，競賽項目從工業自動化領域，擴展到樓宇自動化領域。

過去已舉行六屆競賽，總計吸引來自台灣、大陸、印尼、泰國及越南等五個國家、300 餘所學校、1,000 餘隊參賽，總共已有 3,000 多位大專院校等學生熱情參加。

從歷年的主題，「發現能耗高手」、「發現控制高手」、「發現智造高手」，到「發現智聯高手」，看出這項自動化應用領域的創新型科技競賽，透過競賽達到以賽促學的目的，為更多學子創造發揮的舞台。

在工業自動化未來趨勢下，發掘更多的智能製造、智聯人才，凸顯出台達集團向來前瞻的思維和遠見，激發出更多自動化製造設計人才的潛力，逐漸擴大影響力。

培育綠能人才不遺餘力

在台灣，也透過台達基金會歷年來大手筆地提供獎金、獎學金，贊助活動和教育進修機會。

例如，自二〇〇五年起，提供環境獎學金，和荷蘭貿易暨投資辦事處、英國外交部在台辦事處、中華企業倫理教育協進會等單位長期合作，設立「台達荷蘭獎學金」、「台達英國 Chevening 環境獎學金」、「台達企業環境倫理研究獎助」等，

鼓勵優秀學術人才、碩博士生到荷蘭、英國深造、進修；十餘年來，贊助已破千萬元，培養逾百位碩博士及教師等出國研究，在不同領域共同努力保護台灣環境。

此外，二〇一四年六月，在法國凡爾賽宮前，由交通大學打造的一棟新世代節能綠建築——蘭花屋，在歐洲盃「十項全能綠建築競賽」（Solar Decathlon Europe, SDE）上，獲得都市設計獎第一名、創新獎第二名、能源效率大獎第三名、觀眾票選獎第三名等四座大獎。

這項競賽由交大代表台灣到法國參賽，全球僅 20 所大學獲得參賽資格。而這項比賽幕後最有力的支持者——台達，則以創能、節能、儲能的能源整合方案協助交大參賽計畫，一同代表台灣參賽，獲得傑出的成績。

多年來，鄭崇華不遺餘力培育兩岸年輕的華人綠建築人才，成為打造綠色未來的最大推手。

鄭崇華的經營心法：

- 若能將太陽能建築技術應用落實到現實生活中，就可讓更多民眾體會綠色建築的好處，讓綠建築真正融入人們的生活。

- 在工業自動化趨勢下，藉由舉辦各種相關競賽，可以發掘更多的智能製造、智聯人才，激發出更多自動化製造設計人才的潛力。

世界級企業公民

——持續攀登社會責任大山

　　台達節能的理念，早已聞名國際。二〇〇八年，榮獲
《CNBC 歐洲商業雜誌》選為「全球百大低碳企業」，是亞
洲唯一入榜的華人企業，多年來連續獲得美國環保署能源之
星最高榮譽的「能源之星傑出永續獎」。鄭崇華以「環保、
節能、愛地球」做為經營使命，帶領台達攀爬社會責任大
山，迄今，他仍努力不懈邁向高峰。

　　「事情發生這麼多天了，為什麼沒有人告訴我台達可以做
些什麼！」鄭崇華一臉凝重地說。時間是二〇〇九年八月初。

　　莫拉克颱風侵襲，影響台灣時間長達一週，風災帶來超大
豪雨，短短幾天就降下相當於台灣一整年的降雨量，台灣南部
陸續傳出嚴重的土石流災情，被稱作「八八風災」，電視媒體
不停放送災情，高雄小林村遭土石流埋沒……。

　　看著各地傳出嚴重災情，鄭崇華心情無比沉痛。八月十日
星期一，災後第一個上班日，一早，台達一級幹部被召集在鄭
崇華的辦公室。

三天內，鄭崇華、台達及台達文教基金會宣布，共同捐出5億元協助災區校園重建。

從那瑪夏到巴黎大皇宮

當時位於高雄小林村北邊的那瑪夏，一片滿目瘡痍，位處瑪雅里的民權國小已被土石覆蓋，校舍全毀。台達決定協助重建民權國小。

歷時三年後，那瑪夏民權小學完成重建。咖啡色造型、狀似曼陀羅花的木造圖書館，盛開在綠色的山林間，將環保教育扎根校園，成為那瑪夏的地標。

過去的那瑪夏，被封為螢火蟲故鄉，擁有生態環境最好、不受汙染的大自然。重生的那瑪夏，挺立綻放的曼陀羅花，象徵著希望。

一座節能的鑽石級綠建築學校，於二〇一二年啟用至今，成為台灣第一所靠太陽能達到能源自給自足的「淨零耗能校園」；落成初期每年每平方公尺用電量已不到7度，在校內進行能源監控、增加太陽能板和儲能系統後，在二〇一五～二〇一七年達到淨零耗能的標準。

這所學校更兼具原民文化、環保、生態、教育及防災、避難等多重功能和意義；甚至登上國際舞台。

二〇一四年，在祕魯首都利馬舉行的第20屆聯合國氣候峰

會 COP 20，台達在周邊會議中分享協助那瑪夏鑽石級綠建築學校的案例，備受國際矚目。

二〇一五年底，台達獲邀前往巴黎，參加聯合國氣候峰會 COP 21 舉行周邊會議與綠建築特展，把當時台達精心打造的 21 棟綠建築，一舉推上世界舞台。鄭崇華在會中介紹 21 棟綠建築時，每個綠建築都有溫暖動人的故事。

在巴黎市中心有百年歷史的大皇宮（Grand Palais）側翼，藍色的「Delta 21」字樣，鮮明地高掛在約兩層樓高、狀似曼陀羅花的咖啡色建築物。仿照台灣高雄那瑪夏山區民權國小的圖書館外型、輕鋼架搭建 7 米高的帳棚，裡面是一座環形投影劇場，介紹台達遍布全球的綠建築故事，更凸顯出台達企業公益性的品牌特性。

二〇二一年，為因應部落人口回流，台達基金會再次捐建民權國小附設幼兒園，解決教學空間不足的問題，同步也協助那瑪夏民權國小取得全球第一張由美國綠建築協會（USGBC）頒發、LEED V4 O+M School 最高級別白金級認證；同年底，取得亞洲第一張 LEED Zero Energy 零能耗認證。

台達是第一批受邀參加 COP 的台灣企業，自二〇〇七年起，已連續十幾年參與盛會。鄭崇華始終不忘回饋社會的初心，在環境保護的努力，影響力已從那瑪夏到巴黎大皇宮，遍及全球各地。

「台達的品牌特性，公益性很強，」台達品牌長、台達基金會副董事長郭珊珊說，過去以來台達一直強調節能，「節能其實是很『利他』的一件事，可以為環境、為人類的永續發展，做更好的溝通。」

郭珊珊二〇一三年兼任台達基金會執行長，就明確地把氣候變遷議題、能源教育等設定為基金會倡議的主軸，同時，將這些理念變成台達品牌對外溝通重要的內涵，「把品牌價值和基金會結合，兩邊加乘，可以達到最大的綜效。」

捐資修復台灣最古老的綠建築

例如，台達在全球打造各具特色的綠建築中，有一棟最古老、別具意義的綠建築，則是台中一中校史館，是少數結合歷史古蹟、人文以及現代科技的建築，也是鄭崇華和台灣土地連結的最初印記。

「我高中畢業典禮就是在這座禮堂辦的。」二〇一一年十月底，鄭崇華回到台中一中，得知有一棟老建築物，他在校園內來來回回巡禮，驚喜發覺，它的前身是五〇年代一中學生集會的大禮堂，回憶隨即湧上心頭。

台中一中，不僅是他的母校，也是他在台灣的第一個家。鄭崇華十四歲到十八歲就讀台中一中，過著以校為家的日子，創業有成後，回饋母校的心意，隱含著砥礪人生的溫暖故事。

　　他決定為母校盡點心力，資助整修校史館，讓年少記憶和歷史連結永遠留存。

　　二〇一五年五月一日，台中一中舉行百年校慶，當天，校史館也重新啟用。從二〇一二年開始進行的校史館修復工程，耗資近 7,000 萬元，由鄭崇華及台達基金會捐助。

　　校史館的修復，強化通風和採光的綠建築工法，讓老舊建築重獲新生；而建築維護經費，則來自新裝設太陽能板的售電所得。因太陽能裝置每年可發 1,600 多度電，遠超過建物本身的用電，這座深具歷史意義的建物，成為全台第一棟「負碳排建築」。

　　鄭崇華回饋母校的愛心不止於此，二〇一四年也捐建教學溫室「容光華園」，也以節能減碳的綠建築，重新賦予新生。這座溫室和國立自然科學博物館合作，引進台灣特有品種蘭花，成為台灣蘭花種原庫之一。

　　向來非常熱中參與和綠建築、環保有關的活動，不遺餘力出錢出力贊助，始終如一的信念，即是珍惜能源，守護 1.5℃的地球升溫底線，厚待萬物與環境，尋回大自然的生命力。

多管齊下，深植環保基因

　　為了更有效率地回饋社會，一九九〇年，鄭崇華和台達電子共同成立台達電子文教基金會，主導回饋公益活動及各項贊

助，積極投入科技研發、人才教育和環境保護等三大領域，迄今成立已逾三十年，成為環保節能教育的宣導大使。

近年來則集中資源並強化專業，定位在能源與氣候教育推廣、普及低碳住行概念及人才培育等三大關心主軸，讓環保成為一種生活方式與素養，發揮更大的影響力並改善問題。

為了鼓勵台灣新聞界重視地球暖化相關報導，發揮媒體公共服務功能，台達基金會在二〇一三年起，和曾虛白先生新聞獎基金會合作，在「曾虛白先生新聞獎」獎項設置辦法中增加「台達能源與氣候特別獎」，包括報紙雜誌、電視、廣播及新媒體等四大類別，各頒發 10 萬元獎金，以發揮傳播影響力，喚起民眾的環保意識。

對綠色知識的傳播者，同樣用心教育。開設「台達媒體沙龍」，邀請媒體記者、關心氣候議題的報導者參加，以將氣候變遷、能源轉型等輿論界熱門的話題，透過各種方式傳播氣候和節能知識。

此外，基金會和台灣綠領協會合辦「綠領建築師培訓工作坊」，已培訓出 200 多位綠領建築師；另外，也和低碳建築聯盟合作，開發出台灣第一套建材碳足跡資料庫及評估軟體，帶動建築相關產業計算碳足跡，建立建築碳足跡認證的風潮。

台達基金會在二十年前，製作《掌舵風雨世代——孫運璿》和《競走財經版圖——李國鼎》兩部影片，以感念對台灣經濟

貢獻卓著的孫運璿和李國鼎兩位官員。

　　近二十年來，則出資大力贊助出版《夢想無限》、《福爾摩沙的指環》、《土星之謎》、《正負 2℃》、《男人與他的海》等環境紀錄片，並兩度贊助齊柏林空拍紀錄片《看見台灣》Ⅰ、Ⅱ集，自製《水起·台灣》、《與大翅鯨同游》、《那瑪夏的呼喚》……等紀錄片，還有不少有綠建築及環保相關的書籍及研究出版。

　　身為節能減碳的實踐者，台達致力於打造成世界級的企業公民，將環保基因及對暖化議題的關注，透過各式媒介，從各種面向，深植在下一代的心中。

CSR 模範生，ESG 永續經營指標

　　二〇〇六年，台達電子成立「企業社會責任管理委員會」，做為企業內最高層級的永續管理組織，是最早投入減碳，並關注氣候變遷議題的台灣企業，成為善盡 CSR（企業社會責任）的模範生。

　　早年即獲得各項外部 CSR 評比，例如，首創全球華文媒體的遠見雜誌「企業社會責任獎」，連續多年獲得首獎；多年榮獲天下雜誌「天下企業公民 100 強」獎，更於二〇一六至二〇一八年三年蟬聯龍頭寶座。

　　台達的永續目標再邁向國際，積極參與道瓊永續指數的評

比，二○一一年首度列入世界指數，且連續十二年入選；五度
獲得產業領導者殊榮。

道瓊永續指數在環境、社會和公司治理，都有很明確的指
標，推動也有脈絡可循。以近年 ESG 浪潮席捲台灣下，台達以
永續經營提升 ESG 價值，也成為市場標竿。

台達二○一四年達成用電密集度，比二○○九年下降
50％，等於五年之間，達成單位產值用電密集度減半的目標，
換言之，台達每生產一美元的產值，只用了過去一半的電量，
節能 50％。以二○一四年一年就節省 1 億 9 千多萬度電，電費
支出減少新台幣 7 億多元，節能效益相當驚人。

對於從二○○五年就參與台達 CSR 各項工作的永續長周志
宏而言，主動且主導參加各項國內外評比，「其實就是一種企
業自身的體檢工具，過程中我們會不斷針對結果制定目標，並
進行改善。」周志宏說，「對許多企業而言，節能 50％ 已是困
難的任務，但台達不斷跟進國際的腳步，以科學基礎訂定減碳
目標，再度提出以二○一四年為基準年，二○二五年再降低
56.6％碳密集度的目標。」

聯合國在二○一五年通過永續發展目標（Sustainable
Development Goals，簡稱 SDGs），訂定 17 項攸關全球永續發
展的議題及目標。台達經營階層開始思索，該如何讓「環保、
節能、愛地球」的使命發揮更大影響力，從中發掘機會，經過

台達企業社會責任委員會討論後，決議聚焦在其中 7 項：品質教育、可負擔能源、工業／創新基礎建設、永續城市、責任消費與生產、氣候行動、全球夥伴等，做為台達未來重點發展方向。

　　SDGs 幫助台達評估產品發展和世界需求能否接軌，近幾年，台達亦每年投入約占總營收 8％的創新研發費用，以本業電力電子的核心技術為基礎，同時積極投入節能減碳新技術的研發、創新，開發出更具環保效益的產品及解決方案，實踐成為世界級企業公民。二○一七年十二月，台達通過科學基礎目標倡議組織（Science Based Targets Initiative, SBTi）符合性審查，成為台灣第一家、全世界第八十七家通過審核的企業，為台灣環境永續發展寫下新的里程碑。

　　台達從營運到 ESG，都圍繞在「環保、節能、愛地球」的主軸，形成穩固企業根本的精神和文化，已化成骨子裡的DNA。

「全球百大低碳企業」，亞洲唯一入榜的華人企業

　　對能源的珍惜，是台達能源效率的一貫努力；厚待萬物與環境，為下一代保留更美好的明天。

　　台達節能的理念，早已聞名國際。二○○八年，榮獲《CNBC 歐洲商業雜誌》選為「全球百大低碳企業」，是亞洲唯

一入榜的華人企業，環保和永續議題的用心深受國際肯定。另外，多年來連續獲得美國環保署能源之星最高榮譽的「能源之星傑出永續獎」，二〇二二年，更連續七年獲「能源之星年度合作夥伴大獎」的最高榮耀肯定。

　　二〇二一年三月中，台達宣布加入全球再生電力倡議組織RE100，承諾全球所有據點在二〇三〇年達成 100% 使用再生能源及碳中和的總目標，是台灣高科技製造業中，首家承諾在二〇三〇年達到 RE100 目標的企業。

　　在全球企業競爭力深具指標性的道瓊永續指數（DJSI）評比中，台達連續十二年入選道瓊永續指數「世界指數」（DJSI World），並且連續十年入選「新興市場指數」（DJSI-Emerging Markets）。歷年來，台達 DJSI 整體成績於全球電子設備產業類別位居領先，環境面、治理面與社會面整體表現深受肯定，在「創新管理」、「人才吸引與留任」與「氣候策略」等項目亦維持優異成績，反映台達的創新研發和永續發展同步並行，以實際行動貫徹 ESG。而針對 DJSI 每年推陳出新的前瞻性議題，例如近年愈趨重視的「生物多樣性」和「隱私權保護」等，台達也從各方面學習並積極投入，推動公司的永續策略和實務作法日趨完善精進，將業務營運及永續目標緊密結合。

　　這是台達為地球、為企業永續發展始終不變的承諾。

　　「邁向永續需要登上兩座山峰，一座是創造利潤之山，另

一座是社會責任之山。」遠見天下文化事業群創辦人高希均，在二○二○「遠見企業社會責任獎」的線上發布會，說出現今企業經營者面對的兩大課題。

「一個企業經營者，不應只追求利潤與股東的利益，更要努力善盡企業公民的社會責任。」鄭崇華這番話，明白揭櫫他對社會責任更高的標竿。

初創事業，鄭崇華即以「環保、節能、愛地球」做為經營使命，帶領台達攀爬這座社會責任大山。迄今，他仍努力不懈邁向高峰。

鄭崇華的經營心法：

- 台達一直強調節能，因為「節能其實是很『利他』的一件事，可以為環境、為人類的永續發展，做更好的溝通。」

- 身為節能減碳的實踐者，台達致力於打造成世界級的企業公民，將環保基因及對暖化議題的關注，透過各式媒介，從各種面向，深植在下一代的心中。

天邊有顆「鄭崇華小行星」

> 俗語「天公疼憨人」，意味「傻人有傻福」，他的傻，
> 是無私地不計付出多少，只為追求單純的美好——就像高掛
> 天邊，永恆照亮人間的「鄭崇華小行星」……

一九四八年九月間，一艘開往福州的船，滿載離愁，緩緩
駛離水吉鎮碼頭。鄭崇華和三舅站在船上，揮手向岸邊送行的
親友道別。

他看著媽媽，不停揮著手，沿著南浦溪，跟著船一直跑、
一直跑，淚眼模糊了母親的身影，直到遠離了他的視線。

十三歲揮別父母，原本以為到福州讀中學，之後，很快就
可以回家鄉團聚，沒想到因學校停課，意外橫渡台灣海峽到異
鄉，遠離家園，再和父母重逢，竟時隔三十五年。

這是時代哀歌，跨越大江大海難解的情愁。

隻身在台的流亡學生

原本三舅在福州英華中學教書，因學校停課，取得台中一
中教職。一九四九年初春，他們搭上一艘船到了台灣，在高雄

左營靠岸後，輾轉到了「台北新公園（二二八公園前身）」，窩居公園旁的小旅館，一個多月後，才動身到台中任教。他也在台中一中就讀初中部二年級。

但三舅在台中一中教書僅一年就離開，留下他隻身在台中求學。

無數夜深人靜的晚上，尤其是寒暑假期，都是一個人度過。即使非常思念親人，一想起父親的教誨「男兒有淚不輕彈」，他堅強忍住淚水，但到了夜裡，忍不住時，就躲在床上抱著棉被埋頭痛哭。

「有一晚，下著傾盆大雨，雷聲大作，我在宿舍裡，看著窗外閃電交加，突然，依稀記起，家人抱著我到窗邊看風景，滔滔江水漫過路面、房子被水沖倒的景象，嚇得我放聲大哭……。」他說記憶中的自己，應只是二、三歲的奶娃，卻分不清是夢境？還是真實？

「後來問過長輩，他們說，我是在福州的可園出生的。可園是兩層樓的洋房，居高臨下，可以看到外面的閩江；後來查證，那段時期，閩江確實曾發生嚴重大水災……。」像打開記憶的抽屜，往事如塵煙，時光交錯，既清晰又隱約，虛虛實實，八十六歲的鄭崇華反覆述說著的，是無盡的思念。

「天上的星星不說話，地上的娃娃想媽媽……」。膾炙人口的《魯冰花》電影主題曲，開頭就唱出他深藏心底的聲音。

那時，他經常一個人呆坐在台中一中的操場，仰望星空，寂寞無處寄語時，只能細數天上孤寂的星星，遙遙思念對岸的家人。宇宙浩瀚無垠，看著、看著，吸引了他的好奇與想像：滿天星斗中，到底有多少顆星星？宇宙到底有多大？

為了要深入了解其中奧祕，便鑽到圖書館找書尋求解答，在書海中，他看到一本《宇宙與愛因斯坦》，當年似懂非懂，卻開啟了探索宇宙天文的興趣。

那是他對天文學的萌芽。面對不可知的天空，他了解地球形成的不易、天然資源的可貴，更意識到人類及自己的渺小。

首位登上鹿林天文台的企業家

那時才十五、六歲，他從未曾想過，半世紀之後，在數不清的繁星中，會有一顆名叫「鄭崇華」的小行星。

二○○五年中大要籌設光電系時，鄭崇華以個人名義捐獻鉅資，興建光電系大樓，向來低調的他堅持以「國鼎光電大樓」為名，感念李國鼎資政對台灣的貢獻。

由於中大是台灣最早進行天文觀測的學校，台灣第一座研究用的大型望遠鏡就在校區內，某次鄭崇華拜訪中大時，校方無意間了解他熱愛天文，特別邀請他到中大天文館參觀。當時，由天文系教授孫維新為一行人導覽、解說，他興味十足，從頭到尾專注地聆聽、觀賞。

　　當時，中大校長劉全生看他興致高昂，順便一提：「台灣有
一個最好的觀星點，就在中大的鹿林天文台，有機會帶您上去
看一看。」

　　中大於一九九九年在玉山國家公園前山設置鹿林天文台，
成為台灣最重要的光學天文基地；二〇〇二年更安裝了台灣第
一座超過 1 公尺口徑的天文觀測望遠鏡，開啟台灣彗星、小行
星觀測的紀錄。

　　二〇〇五年十月十五日，鄭崇華在中大校長劉全生、光電
研究所教授李正中、天文所教授孫維新和天文所人員、台達員
工等十餘人陪同下，登上台灣最高海拔 2,862 公尺高的天文台，
並夜宿一晚，成為台灣第一位登上鹿林天文台的企業家。

　　天文台位於玉山國家公園塔塔加地區，不僅海拔高，且從
停車處到天文台距離 600 公尺，必須沿登山步道徒步登高，一
行人緩步當車，拾級而上，花了一個多小時才抵達。

　　當年他已邁入七十歲，因擔心他身體無法負荷，隨行者揹
著登山用的攜帶型氧氣筒，有備無患。但他一路始終興奮無
比！

億萬星斗中的「鄭崇華小行星」

　　「那天天氣很好，即使在戶外，滿天星斗用肉眼就能一覽
無遺。」隨行者之一的台達永續長周志宏，回憶當天的夜色說。

吃過晚飯後，天色已暗，一行人開始觀星。鄭崇華開心地爬上爬下，像孩子般，既好奇又雀躍，這是他最接近星空的一次觀星體驗。小時候，只能用肉眼看到的滿天繁星，透過巨大望遠鏡觀測，從監視器螢幕中看到碩大而明亮的星球；他津津有味地，聽著天文專家孫維新的專業解說認識星象，寫在臉上的是，求知若渴的滿足感。

那一晚，彷彿圓了他的天文夢。

但他的善行義舉似乎感動上天，賜予厚澤，送給他更大的禮物。

二〇〇六年四月一日，鹿林天文台觀測到位於火星和木星之間的小行星帶，有一顆新發現的天體，獲得國際小行星中心永久編號 168126。

中央大學將這顆小行星，以熱愛天文，對台灣產業卓越貢獻的「鄭崇華（Chengbruce）」為名，回報他的無私奉獻。國際天文聯合會二〇〇八年通過審議，把 168126 小行星命名為「Asteroid Chengbruce」。

「鄭崇華小行星」從此高掛天際，這是台灣第一位名字躍上星空的企業家，不僅是台灣、也是國際天文史的創新紀錄。

二〇〇九年，鄭崇華再獲聘任為全球天文年的「星空大使」，協辦全球天文年春分活動，發表多場演說宣導全球天文年的核心理念。

後續，他更持續關注、贊助各項天文活動，例如，中央大學和台達電子文教基金會合作推出「年輕天文學者講座」，自二〇一二年開始，在春秋兩季舉行國際學術交流合作，每年邀請二、三位國外優秀年輕天文學者，到台灣進行短期訪問及講演，推動台灣天文科學的研究和教育推廣。

珍愛地球有限資源，為子孫留活路

「我常說，我走錯路了，應該去學天文；但讀天文就賺不到錢。」他笑了笑說。研究天文是興趣，探究天文時，令他懷念從小生長在水吉鄉下的自然風景，徜徉山林之間，看昆蟲、蝴蝶的野外教學，回味種甘蔗、養指蠶、釣青蛙的經驗。

他深知，地球在太陽系中，經過 46 億年的演化，才形成如此美好的環境，人類在地球的歷史僅 100 到 150 萬年間。「假如把地球壽命縮短為 24 小時，人類出現的時間恐怕只是最後的 1 至 2 秒。」他比喻道。

可惜的是，人類卻忽視地球天然資源有限。溫室效應本來是對人類及其他生物有利的自然現象，太陽照耀大地，一部分反射回太空、一部分停留在地球上，讓地球維持孕育萬物的適當溫度。

「工業發展至今不到 300 年，跟 46 億年相比，更只不過是一轉瞬間。」他說。但工業發展大量耗用自然資源，造成能源

短缺，破壞生態平衡及自然環境，汙染空氣和水，毒害人類和地球上的生物；因為人類過量排放二氧化碳、甲烷、一氧化二氮等氣體到大氣層中，讓溫室效應加劇，暖化改變地球的氣候，帶來氣候異常、冰河消融、海水溫度上升等，都是他無時無刻不憂心的問題。

「人類改變大自然絕不是成就，而是浩劫。」在興辦企業時，很早就注意要避免製造環境汙染，並長期關注地球環境變遷與天然資源短缺問題，成為最早推動節能、重視環保的「綠色」企業。「環保、節能、愛地球」，是公司成立時即立下的經營使命。

他了解，人類生長的地球是無比珍貴。他像「環保傳教士」，累積了 400 多場公開演講，談的大多是呼籲大家珍惜、愛護地球資源和環境。

「企業界很多人都笑我是傻子，不務正業。」鄭崇華笑笑地說。但他絲毫不以為意，堅持做他認為對的事，要做更懂得守護台灣土地的企業。

肯亞有句諺語：「善待地球，它不是你父母給你的，它是你的孩子借給你的。」鄭崇華一路走來，始終堅持不變的初心，「要為子孫留一條活路」。

退而不休，永遠的環保長

始終如一的堅持和執著，獲得媒體一致推崇，讚譽為「台灣第一位企業環保長」、「台灣科技教父」，實至名歸。

退休十年來，他停不下前進的腳步，像活到老、學到老的科技頑童，不斷地追求科技新知與技術創新，永遠保持旺盛的好奇心，不時找工程師討論新產品，分享新的想法。

到今，仍勤於吸收新知，涉獵廣泛，例如重溫量子力學、詳細閱讀微軟創辦人比爾・蓋茲的新書《如何避免氣候災難》（*How to Avoid a Climate Disaster*），引發他興致勃勃地分享對氫氣燃料電池技術、核能安全性的看法。看到有意義的書籍，就買來分送員工及友人，以分享知識。

有一句俗語「天公疼憨人」，意味「傻人有傻福」。他的傻，是不為己利，不只顧企業賺錢，專注研發潔淨與替代能源產品技術，以環保、節能作為事業發展的基調和使命；他的傻，是無私地不計付出多少，只為追求單純的美好，就像高掛天邊，永恆照亮人間的「鄭崇華小行星」。

台達大事紀

1971	• 台達電子成立於台北新莊民安路,生產電視線圈及中周變壓器(IFT),創始員工 15 人
1974	• 供應 RCA、增你智(Zenith)等外商,開始外銷
1975	• 變更為股份有限公司
1976	• 營業額首度突破 100 萬美元
1977	• 遷至桃園龜山工業區新廠,兩年內產能滿載
1978	• 基隆分廠開工,租用南港、六堵、七堵廠房擴增產能 • 生產 Pulse Transformer、Delay Line • 獲 RCA Vendor Award(兩年內供應 2000 萬個零件無退貨)設立美國辦事處
1980	• 開始生產交換式電源供應器零組件
1981	• 量產電源雜訊濾波器(EMI Filter),跨入個人電腦市場
1982	• 率先導入 Surface Mounting Machine • 獲 RCA Vendor Award
1983	• 獲 Zenith Vendor Award • 量產交換式電源供應器
1984	• 為宏碁代工生產小教授電腦

1985
- 基隆六堵工業區新廠開工
- 開始使用表面黏著（Surface Mounting）技術製造電源供應器
- 獲 Rockwell、Xerox Vendor Award

1986
- 獲 Philips、Digital 及 Wang Vendor Award

1987
- 設立歐洲辦事處於瑞士
- 啟用墨西哥廠
- 獲 Acer Vendor Award

1988
- 啟用中壢新廠
- 營業額突破一億美元
- 量產直流無刷式風扇，投產區域網路零組件
- 股票公開上市，代號 2308
- 投資泰國，成立泰達公司

1989
- 設立日本辦事處於東京
- 在美國 Virginia Polytechnic 大學園區成立 R & D Lab.

1990
- 全美電源供應器銷售第二名（Trish Associate）
- 開始生產 Monitor
- 獲 IBM、Epson Vendor Award
- 成立台達電子文教基金會

1991
- 成立乾坤科技於新竹科學園區
- 獲 HP Vendor Award

1992
- 啟用中國大陸首座工廠（東莞）
- 於上海成立中達一斯米克（後來的中達電通），專責市場開發
- 中壢廠通過 ISO 9000 認證

1994
- UL 授與自我安規認證 TCP
- 獲 NEC Vendor Award

1995
- 泰國泰達電子公司股票上市，代號：DELTA
- 推出變頻式馬達控制器
- 獲 GE、Bay Networks Vendor Award

1996
- 集團營業額突破 10 億美元
- 獲 Micro-Tech Report 評比，全球及美國電源供應器均名列第一
- 獲 Intel Vendor Award

1997
- 成立湯淺台達，生產鎳氫電池
- 獲日本 Fujitsu、Mitsubishi、Panasonic、Gateway 及 Nortel Vendor Award

1998
- 中壢廠通過 ISO14001
- 大陸天津廠開工

1999
- 成立達創科技股份有限公司
- 啟用台北企業總部
- 於上海設立台達電力電子研發中心，隔年成立「台達電力電子科教發展計畫」
- 獲 Dell 白金獎

- 獲 Black & Decker、Viewsonic Vendor Award

2000
- 集團營業額突破 25 億美元
- 東莞廠通過 ISO 14001
- 獲 SONY、Sharp Vendor Award

2001
- 啟用中國大陸吳江廠，並獲 ISO 9001 認證
- 獲 Hitachi、LG Vendor Award

2002
- 連續兩年獲 Intel 頒發優良廠商獎及傑出品質廠商獎、優異合作與支援廠商獎
- 獲 SONY 頒發 PS2 優良廠商獎

2003
- 收購歐洲電力系統領導廠商 Ascom Energy Systems
- Asset 雜誌評選為亞洲地區公司治理最佳典範獎
- Micro-tech Consultant 評選為 2003 年全球電源供應器銷售量第一名廠商
- 獲 Samsung 優良廠商獎

2004
- 投資成立旺能光電，致力太陽能電池研發製造
- 獲 Microsoft 全球最佳供應商獎、NEC 技術榮譽獎、Black & Decker 優良廠商獎、Cisco 全球最佳供應商獎

2005
- 獲《遠見》雜誌第一屆社會責任獎科技組首獎
- 獲 Siemens Communications 最佳供應商首獎
- 獲 SONY 頒發最佳合作夥伴獎

2006
- 年營收首度破千億
- 台南廠啟用，為台達第一棟綠建築，亦為台灣第一座

EEWH 黃金級綠建築廠辦，2009 年升格為鑽石級
- 獲標準普爾評選為台灣前 50 大信評優良企業
- 獲 SONY 頒發最有價值供應商獎
- 獲德國 Fujitsu Siemens 優選供應商

2007
- 獲證基會評定為「資訊揭露評鑑系統」A+ 級公司
- 獲經濟部評定為「企業電子化評量制度」A+ 級公司
- 獲第一屆「天下企業公民獎」大型企業組亞軍

2008
- 啟用印度 Rudrapur 廠，是台達首座獲得美國 LEED 認證的綠建築
- 啟用中國大陸蕪湖廠
- 鼓勵內部創新，設立「台達創新獎」
- 榮獲經濟部產業科技發展最高榮譽「卓越創新成就獎」
- 連續兩年獲《Forbes 雜誌》評選為「Asia's Fabulous 50」
- 獲《CNBC 歐洲商業雜誌》評選為「全球百大低碳企業」
- 獲選美國《商業週刊》「全球科技百強」
- 獲 Nokia Siemens Networks 頒發傑出表現獎
- 國際天文聯合會（IAU）通過編號 168126 小行星定名「鄭崇華（Chengbruce）」

2009
- 設計、製造並安裝高雄世運館 1MW 太陽能電力系統
- 連續八年蟬聯《天下》雜誌標竿企業電子業第一名
- 獲第一屆亞太 Frost & Sullivan Green Excellence Award
- 發表電動車整車動力系統

2010
- 宣布啟動「品牌元年」
- 啟用中國大陸郴州廠
- 榮獲《亞洲周刊》「2009 年全球華商 1000：二十大企業

榮譽獎（台灣區）

2011
- 啟用上海運營中心暨研發大樓，後於 2013 年獲美國 LEED 黃金級綠建築認證
- 啟用智慧綠建築「桃園研發中心」
- 捐建成大「孫運璿綠建築研究大樓」，為台灣第一座零碳綠建築
- 首度入選道瓊永續（Dow Jones Sustainability Indices）世界指數
- 首度入選「台灣二十大國際品牌」，經國際機構 Interbrand 鑑價，品牌價值達 1.39 億美金

2012
- 創辦人鄭崇華任榮譽董事長，海英俊任董事長，鄭平任執行長
- 八八風災後捐贈重建之「那瑪夏民權國小」落成啟用
- 榮獲「國家產業創新獎」之首獎「卓越創新企業獎」
- 創辦人鄭崇華獲頒工研院首屆院士獎章
- 成立集團研發中心「台達研究院」於台北總部

2013
- 基金會取得聯合國氣候變化綱要公約（UNFCCC）正式觀察員身分
- 參與台灣燈會，打造台灣第一座經建築碳稽核檢驗之低碳建築「台達永續之環」
- 成立集團研發中心「台達研究院」

2014
- 台北企業總部獲台灣 EEWH「鑽石級」綠建築認證
- 基金會成立 DeltaMOOCx 線上學習平台

2015
- 併購挪威電源大廠 Eltek ASA
- 啟用美洲新總部，隔年取得 LEED 白金級綠建築認證，後於 2017 年獲加州大學柏克萊分校「CBE 宜居建築獎」
- 捐建之「龍門台達陽光初級中學」落成啟用
- 以「Delta 21 @ COP21」為題，於巴黎大皇宮舉辦綠築跡展覽及官方周邊會議
- 榮獲 Channel NewsAsia 傑出綠色企業獎

2016
- 啟用首座自營太陽能電廠於日本赤穗
- 併購 Delta Controls 與 LOYTEC，布局樓宇自動化
- 台北總部瑞光大樓獲「LEED 白金級既有建築改造認證」
- 創辦人鄭崇華獲總統頒發「景星勳章」，表彰對國家社會之卓越貢獻
- 創辦人鄭崇華於遠見高峰會獲頒首位「君子企業家」
- 創辦人鄭崇華獲「中國社會責任傑出人物獎」

2017
- 宣布組織調整，以「電源及零組件」、「自動化」、「基礎設施」三大業務範疇驅動成長
- 通過 SBTi 審查，為台灣首家、全球前 100 家，率先訂定科學基礎減碳目標者
- 入選台灣永續指數（FTSE4Good TIP Taiwan ESG Index）成分股

2018
- 加入國際電動車倡議 EV100 推動全球低碳交通
- 獲台灣多元創新之最高榮譽「總統創新獎」
- 獲勞動部頒發「國家人才發展獎」
- 獲美國綠建築委員會（USGBC）頒發「綠色先鋒獎」與「行業先鋒獎」

2019
- 收購泰達公司（Delta Electronics〔Thailand〕PCL.）
- 企業總部資料中心獲得全球首個 LEED V4 ID+C 綠色資料中心白金級認證
- 電動車及插電式混合動力車技術實力獲飛雅特克萊斯勒汽車頒發「動力傳動系統年度供應商獎」

2020
- 榮獲《遠見》雜誌企業社會責任獎傑出方案「幸福企業組首獎」。自 2005 年遠見評比舉辦以來，累計共獲 15 座首獎、2 次榮譽榜、3 座楷模獎。
- 基金會首部 8K 環境紀錄片《水起·台灣》獲美國休士頓國際影展紀錄短片金獎
- 榮獲「亞洲最佳企業雇主獎」
- 創辦人鄭崇華獲中國電源學會科學技術獎「傑出貢獻獎」
- 創辦人鄭崇華獲台灣大學頒授名譽博士學位。自 2006 年起，累計獲得包含清華大學、中央大學、成功大學、台灣科技大學、台北科技大學、交通大學、亞洲大學、香港城市大學、台北醫學大學、陽明大學等十一所大學頒贈名譽博士學位

2021
- 加入 RE100 倡議組織，承諾 2030 年全球廠辦 100% 碳中和
- 六度入選 CDP 氣候變遷領導等級，二度入選「水安全」及「供應鏈議合」領導等級
- 收購全球電子組裝與精密自動化領導公司 Universal Instruments 邁向智能製造
- 收購全球影像監控服務領導公司 March Networks 強化智慧建築布局

2022
- 連續十二年入選道瓊永續世界指數，七度獲得產業領導者
- 連續十二年入選「台灣二十大國際品牌」，品牌價值持續成長達 4.26 億美金，年複合成長率 11%
- 連續七年獲頒美國能源之星年度夥伴，連續五年榮獲能源之星傑出永續獎
- 首度入選科睿唯安全球百大創新機構，全球專利布局獲國際評比肯定
- 五度入選公司治理評鑑上市公司排名前 5%
- 六棟廠辦通過《WELL 健康 - 安全評價》，台灣首家科技業獲此肯定
- 榮獲「天下永續公民獎」首度頒發之「永續標竿企業」。自 2007 年起「天下企業公民獎」舉辦以來，連續十二年入選，並在大型企業組獲得六次首獎
- 荷蘭 Helmond Automotive Campus 辦公大樓啟用，並獲 LEED 黃金級綠建築認證

國家圖書館出版品預行編目 (CIP) 資料

利他的力量：鄭崇華的初心與台達經營哲學／鄭崇華
口述；傅瑋瓊 採訪撰文 . -- 第一版 . -- 臺北市：遠見天
下文化出版股份有限公司 , 2022.11
320 面；14.8×21 公分 . -- （社會人文；BCB785）
ISBN 978-986-525-975-4（精裝）

1.CST：台達電子工業公司　2.CST：企業經營　3.CST：
企業管理

494　　　　　　　　　　　　　　　　　　　111018155

財經企管 BCB785

利他的力量
鄭崇華的初心與台達經營哲學

口述 —— 鄭崇華
採訪撰文 —— 傅瑋瓊

總編輯 —— 吳佩穎
副總編輯 —— 黃安妮
責任編輯 —— 陳珮真
封面設計 —— 張議文
內頁美術設計 —— 江儀玲
校對 —— 魏秋綢
內文圖片 —— 鄭崇華、台達電子　提供

出版者 —— 遠見天下文化出版股份有限公司
創辦人 —— 高希均、王力行
遠見・天下文化 事業群董事長 —— 高希均
事業群發行人／ CEO —— 王力行
天下文化社長 —— 林天來
天下文化總經理 —— 林芳燕
國際事務開發部兼版權中心總監 —— 潘欣
法律顧問 —— 理律法律事務所陳長文律師
著作權顧問 —— 魏啟翔律師
社址 —— 臺北市 104 松江路 93 巷 1 號
讀者服務專線 —— 02-2662-0012 ｜傳真 —— 02-2662-0007；02-2662-0009
電子郵件信箱 —— cwpc@cwgv.com.tw
直接郵撥帳號 —— 1326703-6　遠見天下文化出版股份有限公司

排版 —— 中原造像股份有限公司
印刷廠 —— 中原造像股份有限公司
裝訂廠 —— 精益裝訂股份有限公司
登記證 —— 局版台業字第 2517 號
總經銷 —— 大和書報圖書股份有限公司｜電話 —— 02-8990-2588
出版日期 —— 2022 年 11 月 30 日第一版第一次印行
　　　　　　2022 年 12 月 8 日第一版第二次印行

定價 —— 新台幣 500 元
ISBN —— 978-986-525-975-4
EISBN —— 9786263550025（EPUB）；9786263550032（PDF）
書號 —— BCB785
天下文化官網 —— bookzone.cwgv.com.tw

◎ 本書紙張採用符合 FSC™ 認證紙張，使用 SGS 環保植物性油墨印製

天下·文化
BELIEVE IN READING